Untersuchung von bistabilen Schaltelementen auf Basis von Cu(TCNQ)

Untersuchung von bistabilen Schaltelementen auf Basis von Cu(TCNQ)

Von der Fakultät für Elektrotechnik und Informationstechnik
der Technischen Universität Carolo-Wilhelmina zu Braunschweig

zur Erlangung der Würde

eines Doktor-Ingenieurs (Dr.-Ing.)

genehmigte Dissertation

von Dipl.-Ing. Artur Hefczyc
aus Ziegenhals

eingereicht am: 10. November 2011

mündliche Prüfung am: 12. Februar 2013

Referenten: Prof. Dr.-Ing. W. Kowalsky
Dr. S. Janietz

2013

Bibliografische Information der Deutschen Nationalbibliothek
Die Deutsche Nationalbibliothek verzeichnet diese Publikation in der Deutschen Nationalbibliografie; detaillierte bibliografische Daten sind im Internet über http://dnb.d-nb.de abrufbar.

1. Aufl. - Göttingen: Cuvillier, 2013
Zugl.: (TU) Braunschweig, Univ., Diss., 2013

978-3-95404-460-3

Nonnenstieg 8, 37075 Göttingen
Telefon: 0551-54724-0
Telefax: 0551-54724-21
www.cuvillier.de

1. Auflage, 2013
Gedruckt auf säurefreiem Papier

978-3-95404-460-3

Vorwort

Die vorliegende Dissertation entstand während meiner Tätigkeit als wissenschaftlicher Mitarbeiter am Institut für Hochfrequenztechnik (IHF) der Technischen Universität Braunschweig. Mein besonderer Dank gilt meinem Doktorvater und Institutsleiter Herrn Prof. Dr.-Ing. Wolfgang Kowalsky für das in mich gesetzte Vertrauen. Des Weiteren möchte ich mich bei meinem Arbeitsgruppenleiter Herrn Dr.-Ing. Eike Becker bedanken, der mich stets in vielen komplexen und interdisziplinären Fragestellungen unterstützt hat. Vor allem die langjährige Erfahrung im Umgang mit organischen und anorganischen Materialien von Herrn Dr.-Ing. Eike Becker hat mir geholfen, viele Ideen im Bereich der organischen Schaltelemente umzusetzen. Mein Dank gilt auch Herrn Dipl.-Ing. Lars Beckmann, mit dem ich über mehrere Jahre das Büro teilte und viele anregende Diskussionen führen durfte.

Recht herzlich möchte ich mich für die freundliche und hilfsbereite Zusammenarbeit am Institut bedanken, ohne die diese Arbeit in dieser Form so nicht möglich gewesen wäre. Die vielen Kolleginnen und Kollegen am Institut, die ich leider aus Platzgründen nicht alle aufzählen kann, standen mir stets mit Rat und Tat zur Seite. Ich bin Ihnen zu Dank verpflichtet.

Mein Dank gilt Frau Dr. Silvia Janietz, die als zweite Referentin meine Dissertation beurteilt hat. Ebenso gilt mein Dank Prof. Dr.-Ing. Jörg Schöbel, der den Vorsitz der Prüfungskommission übernommen hat.

Meinen Eltern gilt ein ganz besonders herzlicher Dank, da sie mich stets unterstützt und mein Studium der Elektrotechnik ermöglicht haben.

Zu aller Letzt möchte ich meiner Frau danken, die mich stets begleitet hat. In dieser Zeit hat sie unendlich viel Verständnis und Geduld aufgebracht und mir jegliche Unterstützung gegeben.

Hildesheim, Juni 2013 — Artur Hefczyc

Inhaltsverzeichnis

1 Grundlagen

1.1 Speichermedien

Die Notwendigkeit, Informationen abzulegen und zu gegebener Zeit abzurufen, hat eine lange Geschichte. Die älteste lateinische Inschrift, die auf einem beschrifteten Stein im Forum Romanum gefunden wurde, wird auf das frühe 6. Jh. v. Chr. datiert. Neben Stein oder Bronze, die für Gedenkinschriften und Verordnungen verwendet wurden, dienten hölzerne Tafeln mit einer Wachsschicht dem Aufzeichnen von persönlichen Notizen oder Schularbeiten. In weiche Wachstafeln wurden Symbole mit einem Stift (Griffel) eingeritzt. Durch das Glattziehen der obersten Schicht konnten die eingeritzten Symbole entfernt und die Wachstafel wieder beschrieben werden [1].
Allgemein kann die Wachstafel als ein Lese- und Schreibmedium betrachtet werden. Diese Klassifizierung der Speichermedien hat nichts an ihrer Aktualität verloren. Heutzutage wird zwischen RAM-Speichern (random access memory), die Lese- und Schreibzugriffe ermöglichen, und ROM-Speichern (read only memory), die nur Lesezugriff erlauben, unterschieden. Diese werden unterteilt in elektronisch auslesbare Speicher (z.B. HDD-Festplattenspeicher) und Datenträger (z.B. Printmedien, Photographie).
Im folgenden Abschnitt werden elektronisch auslesbare Speicher vorgestellt. Die RAM-Speichermedien lassen sich weiter unterteilen in statische RAM-Speicher (SRAM) und dynamische RAM-Speicher (DRAM). Bei einem SRAM-Speicher wird die Speicherfunktion durch eine Flipflop-Schaltung realisiert. Bei einem DRAM-Speicher wird die Information als eine Ladungsmenge auf einem Kondensator gespeichert. Die Anzahl der Lese- und Schreibzugriffe bei einem statischen oder dynamischen RAM unterliegt keinen Einschränkungen. Bei diesen RAM-Speicherfamilien handelt es sich um flüchtige Speicher, d.h. der Verlust der Versorgungsspannung führt zum Datenverlust. Im Gegensatz zu dieser RAM-Speicherfamilie behalten die elektrisch programmierbaren EPROM- (erasable programmable ROM), EEPROM- (electrically erasable programmable ROM) und Flash-EPROM-Speicher (basierend auf NAND- oder NOR-Gattern) ihre Daten auch ohne eine Spannungsversorgung.

Bei diesen nichtflüchtigen Speichern ist nur eine begrenzte Anzahl von Schreibzugriffen möglich. Ein EPROM lässt etwa 100-200 Schreibvorgänge zu. Das Zurücksetzen bzw. das Löschen von Daten in einem EPROM wird mit Hilfe von UV-Licht realisiert. Nichtflüchtige

Tabelle 1.1: Zusammenstellung charakteristischer Parameter einiger Speichertypen [2].

Parameter	DRAM	SRAM	NAND	NOR	FRAM	MRAM	PRAM
nichtflüchtig	nein	nein	ja	ja	ja	ja	ja
wahlfreier Zugriff	ja	ja	nein	ja	ja	ja	ja
Schreibzyklen	$>10^{15}$	$>10^{15}$	10^5	10^5	$>10^{13}$	$>10^{15}$	$>10^{13}$
Lesezugriff	10 ns	2 ns	25 μs	70 ns	70 ns	10 ns	10 ns
Schreibzugriff	10 ns	2 ns	300 μs	10 μs	70 ns	5 ns	200 ns

Speicher mit einer unbegrenzten Anzahl von Lese- und Schreibzugriffen, wie z.B. FRAMs (ferroelectric RAM), MRAMs (magnetoresistive RAM) und PRAMs (phase-change RAM) befinden sich teilweise noch in der Entwicklung [2].
In Tabelle 1.1 sind einige Speichertypen mit ihren charakteristischen Eigenschaften aufgelistet.

Bei den zuvor vorgestellten Speichertypen handelt es sich um anorganische Speicher. Dagegen befinden sich die organischen Speichertypen noch in der Forschungs- oder Entwicklungsphase, so wie z.B. der nichtflüchtige organische WORM-Speicher (write-only-read-many) auf Basis von P3HT (Poly(3-hexylthiophen)) und PMMA (Polymethylmethacrylat) [3–6]. Mit nichtflüchtigen OFeFET-Speichern (organic ferroelectric field effect transistor) wird ein vergleichbares Konzept zu FRAM-Speichern verfolgt [7–9]. Zu den wiederbeschreibbaren nichtflüchtigen organischen Speichern zählen organische bistabile Schaltelemente (OBD, organic bistable device). Diese werden in dieser Arbeit auf Basis von TCNQ (7,7,8,8-Tetracyano-1,4-chinodimethan) thematisiert.

Im folgenden Kapitel werden neben den anorganischen Speichertypen auch organische Speicher vorgestellt. Bei der Vorstellung der anorganischen und organischen Speichertypen stellt sich gleichzeitig die Frage, in welchem Bereich ein organischer Speicher eingesetzt werden könnte. Aus Tabelle. 1.1 kann entnommen werden, dass zwischen dem NAND/NOR-Flashspeicher und einem DRAM-Speicher eine große Lücke bezüglich der Zugriffszeiten besteht. Neben Schreibzugriffen, die im Bereich von Mikrosekunden liegen, haben Flashspeicher im Vergleich zu RAM-Speichern eine geringere Lebensdauer. Die Lücke zwischen Flashspeicher und DRAM könnte mit organischen Speichern geschlossen werden, doch die Vertreter der FRAM- und MRAM-Speicherfamilie zielen ebenfalls auf diesen Bereich ab und sind in der Entwicklungsphase weiter oder haben diese verlassen. Um sich in diesem Bereich kommerziell durchsetzen bzw. etablieren zu können, müssen die organischen Speicher ihre vielversprechende Eigenschaft der günstigen Herstellungskosten, der vergleichsweise einfachen Prozessierung und des Einsatzes auf flexiblen Substraten, ausspielen. Nur so können sie von dem von anorganischen Speichermedien dominiertem Markt gewisse Anteile übernehmen.

1.1.1 Anorganische Speicher

Im folgenden Abschnitt werden anorganische flüchtige und nichtflüchtige Speichertypen vorgestellt. Neben Speichertypen, wie z.B. SRAM- oder EEPROM-Speicher, die seit Jahren eine breite Verwendung in unterschiedlichen elektronischen Anwendungen finden, werden auch Speichertypen, wie z.B. MRAM- oder PRAM-Speicher vorgestellt, die sich noch in einem Forschungsstadium befinden.

SRAM

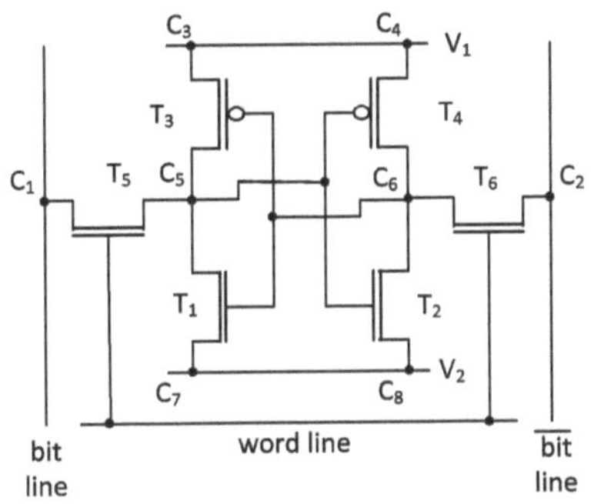

Abbildung 1.1: Aufbau einer SRAM-Speicherzelle mit sechs Transistoren in CMOS-Technologie [10].

Eine einfache SRAM-Speicherzelle in CMOS-Technologie (complementary metal oxide semiconductor) besteht aus 6 CMOS-Transistoren. Die Grundlage bilden zwei rückgekoppelte CMOS-Inverter und zwei n-MOS-Auswahltransistoren (Abb. 1.1). Die Ansteuerung über die Auswahltransistoren T5 und T6 über die Wortleitung WL (word line) ermöglicht den

Zugriff auf die Speicherzelle [10]. Die Verwendung komplementärer Bitleitungen BL (bit line) und $\overline{\text{BL}}$ erhöht die Zuverlässigkeit gegenüber Signalstörungen.

DRAM

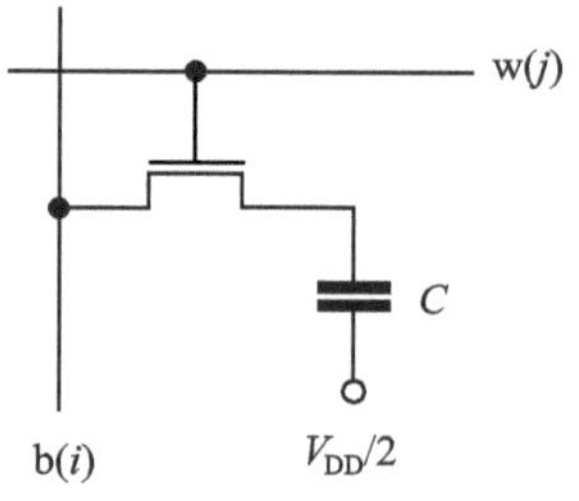

Abbildung 1.2: Speicherzelle eines DRAMs in CMOS-Technologie [11].

Im Allgemeinen besteht eine DRAM-Speicherzelle aus einem Auswahltransistor und einem Kondensator. Der Aufbau einer DRAM-Speicherzelle ist in Abb. 1.2 dargestellt. Bei einem dynamischen RAM handelt es sich um ein CMOS-Bauelement, das das Informationsbit als Ladung auf einem Kondensator speichert. Da die Ladung auf dem Kondensator durch Leckströme kontinuierlich abnimmt, müssen Gegenmaßnahmen ergriffen werden, um die Information nicht zu verlieren. Um dem Ladungsverlust entgegenzuwirken, wird die DRAM-Speicherzelle periodisch ausgelesen, der Speicherinhalt bewertet und der Ladungsinhalt wieder aufgefrischt.

ROM/PROM

Der größte Nachteil einer statischen oder dynamischen RAM-Speicherzelle ist die Flüchtigkeit des Speicherinhalts. Das Abschalten der Versorgungsspannung einer SRAM- oder DRAM-Zelle führt zwangsläufig zum Informationsverlust. In vielen speicherbasierenden Anwendungen ist es jedoch notwendig, auch nach dem Abschalten der Versorgungsspannung den Speicherinhalt nicht zu verlieren.

Für diese nichtflüchtigen Speicheranwendungen wurde der ROM- bzw. PROM-Speichertyp (programmable read only memory) entwickelt. Mit einem einmaligen Programmiervorgang wird der Speicherinhalt festgelegt und ist anschließend nicht mehr veränderbar. Der Speicherinhalt einer ROM-Speicherzelle wird mit einer Maskenprogrammierung beim Hersteller programmiert und bietet bei ausreichend großen Stückzahlen sehr kostengünstige Bauelemente. PROM-Speicher können mit Programmiergeräten beim Anwender programmiert werden. Diese verwenden an der Schnittstelle zwischen einer Bitleitung und Wortleitung dünne Metallstege (fusible links), die beim Programmieren durch einen kurzen Stromimpuls zerstört werden.

Neben dünnen Metallstegen werden auch sog. antifuses verwendet, die durch zwei Metallleiter mit einer dünnen Isolationsschicht dazwischen gebildet werden. Die beim Programmieren entstehende Überspannung zerstört die Isolationsschicht und stellt so eine leitende Verbindung zwischen den beiden Metallleitern her [12, 13]. Die antifuses können auch durch pn-Dioden realisiert werden, die in Sperrichtung betrieben werden. Bei der Programmierung wird der pn-Übergang mit einer Überspannung belastet und gleichzeitig zerstört. Die Zerstörung eines pn-Übergangs führt zu einem niederohmigen Verhalten.

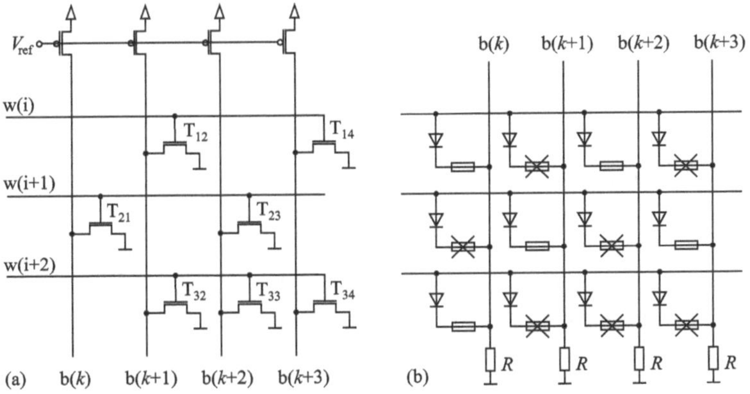

Abbildung 1.3: Zellenfeld nichtflüchtiger Speicher. (a) CMOS-ROM (maskenprogrammiert) und (b) PROM (anwenderprogrammierbar) [11].

Abb. 1.3a zeigt ein maskenprogrammiertes CMOS-ROM- und Abb. 1.3b ein PROM-Zellenfeld. Beide Zellenfelder enthalten den gleichen Speicherinhalt. Das PROM-Zellenfeld besteht aus Dioden und Sicherungen. Die Sicherungen können in einem Programmiervorgang durchgeschmolzen (Kreuz) werden und damit die elektrische Verbindung unterbrechen.

EPROM-/EEPROM-/Flash-Speicher

Die nichtflüchtigen ROM/PROM-Speicherzellen haben den Nachteil, dass sie nur einmalig beschreibbar sind. Neben dieser Speichergruppe wurde eine weitere Gruppe von nichtflüchtigen Speichern entwickelt, die ein mehrmaliges elektrisches Programmieren ermöglicht. Dabei wird zwischen EPROM-, EEPROM- und Flash-Speicher unterschieden. Bei einem EPROM-Speicher wird der Speicherinhalt elektrisch programmiert. Für das Löschen der Daten wird eine UV-Lichtquelle benötigt. Im Gegensatz hierzu kann ein EEPROM- oder ein Flash-Speicher elektrisch beschrieben und gelöscht werden.

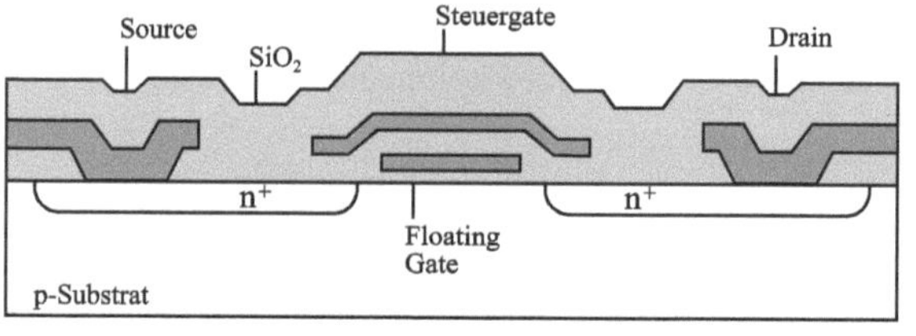

Abbildung 1.4: Schematische Darstellung eines Querschnitts einer EPROM Speicherzelle [11].

Die drei vorgestellten Speichertypen basieren auf einem MOSFET (metal oxide semiconductor field effect transistor) mit einer zusätzlichen isolierten Gateelektrode, die als floating gate (FG) bezeichnet wird. Das FG besitzt keinen elektrischen Anschluss und ist komplett in SiO_2 eingebettet. Durch das Einbringen von Ladung auf das FG kann der elektrische Zustand eines MOSFETs für mehrere Jahre aufrechterhalten werden.
Abb. 1.4 zeigt den Querschnitt einer typischen EPROM-Zelle. Die Zelle besteht aus einem n-Kanal MOSFET und dem zusätzlichen FG. Wird das Steuergate mit einer hinreichend hohen positiven Spannung U_{sg} beschaltet, so wandern die Elektronen aus dem p-dotierten Substrat in Folge des elektrischen Feldes in Richtung des Steuergates und sammeln sich an der SiO_2-Isolationsschicht. Der Kanal zwischen Source und Drain wird mit Elektronen geflutet und damit niederohmig.
Das Aufbringen negativer Ladung auf das floating gate verschiebt die Einsatzspannung zu höheren positiven Spannungswerten hin. Die eingestellte Spannung U_{sg} am Steuergate reicht nicht aus, um den Kanal mit Elektronen anzureichern. In Folge dessen bleibt der Kanal zwischen Source und Drain hochohmig.
Zum Programmieren eines EPROMs wird die Steuergatespannung so eingestellt, dass der Kanal zwischen Source und Drain niederohmig wird. Durch das Einstellen von hohen

Spannungspulsen zwischen Source und Drain werden die Elektronen so stark beschleunigt, dass einige von ihnen auf das FG gelangen.
Eine Weiterentwicklung der EPROM sind die elektrisch löschbaren EEPROM. Der Löschvorgang bzw. das Entfernen von Ladungen vom floating gate erfolgt durch den Tunneleffekt (Fowler-Nordheim-Tunneln) [11]. Das Fowler-Nordheim-Tunneln ist ein quantenmechanischer Effekt, der den Übergang von Elektronen mit mittlerer thermischer Energie durch eine Potentialbarriere beschreibt, der nach klassischer Sicht unmöglich wäre. Quantenmechanische Betrachtungen zeigen jedoch, dass Elektronen mit einer bestimmten Wahrscheinlichkeit höhere Potentialbarrieren überwinden können.
Der Flash-Speicher ist eine Weiterentwicklung des EEPROM-Speichers. Der große Unterschied zwischen beiden Speichertypen ist die Art und Weise des Löschvorgangs. Im Gegensatz zu einem EEPROM-Speicher, bei dem die Daten bitweise gelöscht werden können, werden bei einem Flash-Speicher ganze Datenblöcke gelöscht.

FRAM

Ein ferroelektischer RAM-Speicher weist eine hohe Ähnlichkeit mit einem DRAM-Speicher auf. Im einfachsten Falle besteht ein FRAM-Speicher aus einem Auswahltransistor und einem ferroelektrischen Kondensator (Abb. 1.5).

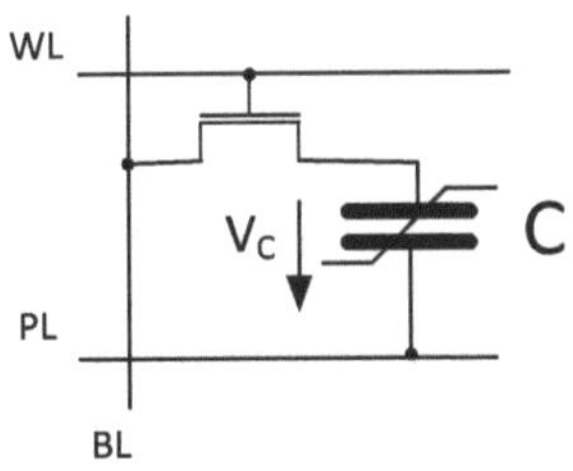

Abbildung 1.5: Speicherzelle eines ferroelektrischen RAMs [11].

Der positive und negative Ladungsschwerpunkt einer Elementarzelle des Kristallgitters fällt nicht zusammen und führt so zu einem Dipolmoment. Oberhalb einer kritischen Temperatur (Curie-Temperatur) verschiebt sich die Kristallstruktur, so dass der ferroelektrische Effekt aufgehoben wird und das Material paraelektrisch wird. Unterhalb der Curie-Temperatur werden in Analogie zu Ferromagnetika die Bereiche, in denen die Dipolmomente aller

Elementarzellen parallel ausgerichet sind, als Weißsche Bezirke oder als Domänen bezeichnet. Ein ferroelektrisches Material außerhalb eines elektrischen Feldes zeigt nach außen keine Polarisation, da die Weißschen Bezirke regellos ausgerichtet sind, so dass sich ihre Beiträge zur Gesamtpolarisation aufheben. Wird dieses ferroelektrische Material in ein elektrisches Feld gebracht, so richten sich die Weißschen Bezirke in eine gemeinsame Richtung aus. Die Polarisation steigt mit dem äußeren elektrischen Feld sehr stark an und geht in den Sättigungspolarisationbereich P_S über (Abb. 1.6). In diesem Bereich sind alle Weißschen Bezirke ausgereichtet, so dass nur noch ein schwacher Polarisationsanstieg zu beobachten ist. Analog zu ferromagnetischen Materialien richten sich bei der Reduzierung

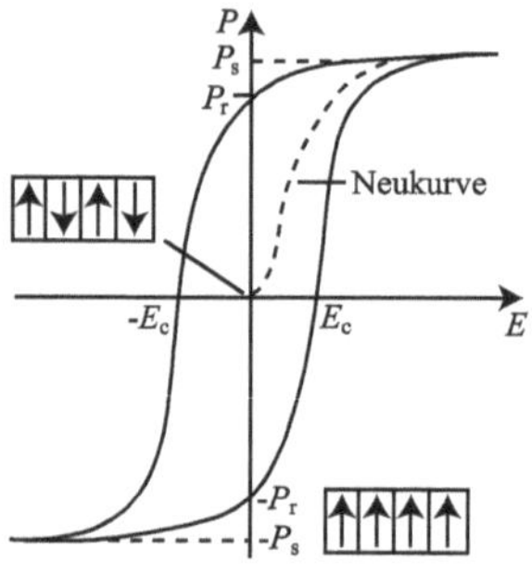

Abbildung 1.6: Polarisation P eines ferroelektrischen Materials in einem äußeren el. Feld E [11].

des elektrischen Feldes nicht alle Weißschen Bereiche in den ursprünglichen Zustand zurück, so dass bei der elektrischen Feldstärke E = 0 eine Restpolarisation erhalten bleibt, die als remanente Polarisation P_r bezeichnet wird. Die Polarisation verschwindet erst dann, wenn die elektrische Feldstärke E = -E_C ist. E_C wird als Koerzitivfeldstärke bezeichnet. Ein elektrisches Feld mit umgekehrter Polarität führt zum inversen Polarisationsverhalten, so dass das Gesamtverhalten der Polarisation durch eine Hysteresekurve beschrieben wird. Die beiden Äste der Hysteresekurve können den Zuständen 1 und 0 zugeordnet werden, so dass im spannungslosen Zustand die Information der Polarisation erhalten bleibt und das Konzept eines nichtflüchtigen Speichers realisiert werden kann.

MRAM

Magnetoresistive RAM-Speicher nutzen einen quantenmechanischen Effekt des Tunnelstroms aus, um Informationen zu speichern. Der Tunnelstrom durch einen Isolator, der zwischen zwei ferromagnetischen Schichten eingebettet ist, hängt von der Ausrichtung der magnetischen Momente in den Schichten ab. Diese Struktur wird als magnetischer Tunnelübergang bezeichnet (MTJ, magnetic tunnel junction). Abb. 1.7 zeigt einen prinzipiellen Aufbau einer MTJ-Zelle, die aus einem magnetisch weichen, leicht zu magnetisierenden Material, einem Isolator und einem magnetisch harten, nicht ummagnetisierbaren Material besteht.
Die Ausrichtung der magnetischen Momente im MTJ bestimmt den Widerstand im Tunnel-

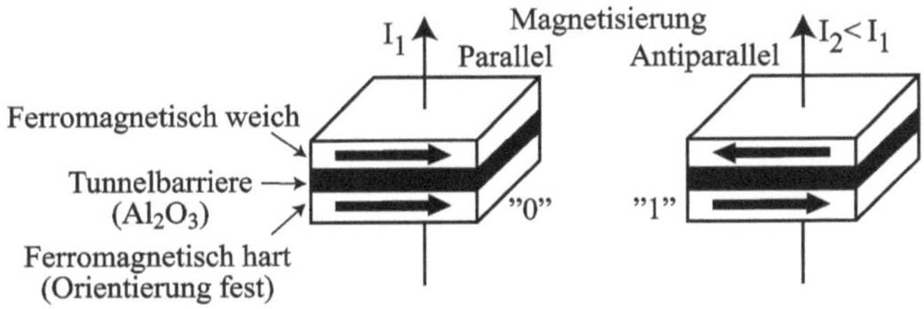

Abbildung 1.7: Prinzipieller Aufbau eines magnetoresistiven Speichers [14].

übergang. Die antiparallele Ausrichtung der magnetischen Momente bewirkt einen um etwa 50 % größeren Widerstand im Vergleich zu einer parallelen Ausrichtung. Dieses Verhalten wird durch die Spin-Polarisation der Leitungselektronen beim Durchgang durch die magnetisch ausgerichteten ferromagnetischen Schichten bewirkt. Passieren Leitungselektronen eine ferromagnetische Schicht mit der Polarisierungsrichtung 1, so werden diese Elektronen bei dem Durchgang durch eine weitere ferromagnetische Schicht mit einer antiparallelen Polarisationsausrichtung 2 behindert. Dieses Verhalten wird als Magnetoresistiver Effekt (tunneling megnetoresistance - TMR) bezeichnet [14].
Die MTJ-Zelle wird elektrisch über Kontaktflächen angeschlossen, die rechtwinklig zueinander angeordnet sind. Die rechtwinklige Anordnung der Kontaktflächen ist notwendig, um die magnetische Polarisation in der weichmagnetischen Schicht durch die elektromagnetische Induktion zu verändern.
Abb. 1.8 zeigt eine MRAM-Zelle mit ihren Anschlüssen.

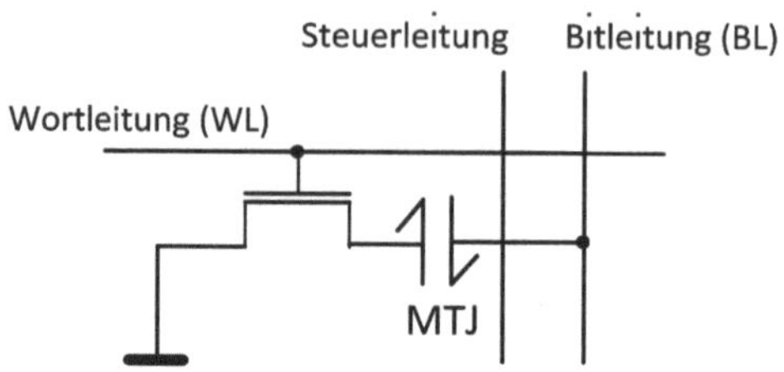

Abbildung 1.8: Speicherzelle eines magnetoresistiven RAMs [14].

PRAM

Bei einem PRAM-Speicher (phase-change RAM) handelt es sich um einen nichtflüchtigen und schnellen Speicher mit einer hohen Speicherdichte. Das Kernelement eines PRAM-Speichers besteht aus einer Chalkogenid-Legierung, die zwei verschiedene Phasen annehmen kann. Für die Chalkogenid-Legierung kann z.B. GeSbTe (GST) verwendet werden [2]. Abhängig vom eingestellten Strom kann die Chalkogenid-Legierung reversibel in einen amorphen oder einen kristallinen Zustand überführt werden. Der amorphe bzw. der kristalline Zustand der Chalkogenid-Legierung hat einen direkten Einfluss auf die elektrische Leitfähigkeit, so dass den beiden Phasen die beiden logischen Zustände 1 und 0 zugewiesen werden können. Das Widerstandsverhältnis zwischen dem amorphen und kristallinen Zustand beträgt bis zu 10^4, so dass sehr einfach zwischen diesen beiden resistiven Zuständen unterschieden werden kann.
Wird ein Chalkogenid durch einen kurzen und großen Stromimpuls (z.B. 8 ns und 0,8 mA) aufgeheizt und kühlt dieses anschließend schnell ab, so wird das polykristalline Gefüge aufgelöst und es bildet sich eine amorphe Struktur, die einem hochohmigen Zustand zugeordnet wird. Wird diese amorphe Struktur mit einem weiteren dafür aber längeren Stromimpuls aufgeheizt (z.B. 85 ns und 0,4 mA), so wird sich nach dem Abkühlen eine polykristalline Struktur bilden, die gegenüber einer amorphen Struktur um einige Größenordnungen niederohmiger ist.

1.1.2 Organische Speicher

Im diesem Abschnitt werden organische nichtflüchtige Speicher aufgeführt. Neben WORM- und OFeFET-Speichern wird der OBD-Speicher auf Cu(TCNQ)-Basis vorgestellt, der in dieser Arbeit unter verschiedenen Herstellungs- und Charakterisierungsgesichtspunkten untersucht wird.

WORM-Speicher

Bei einem WORM-Speicher (P3HT/PMMA, Poly(3-hexylthiophen)/Polymethylmethacrylat) handelt es sich um einen nichtflüchtigen organischen Speicher, der sich noch im Forschungsstadium befindet [3]. Abb. 1.9 zeigt einen prinzipiellen Aufbau einer WORM-Speicherzelle. Die Stapelstruktur des Speichers besteht aus Al/(P3HT/PMMA)/ITO (Indiumzinnoxid), das auf einem PET-Substrat (Polyethylenterephthalat) hergestellt worden ist.

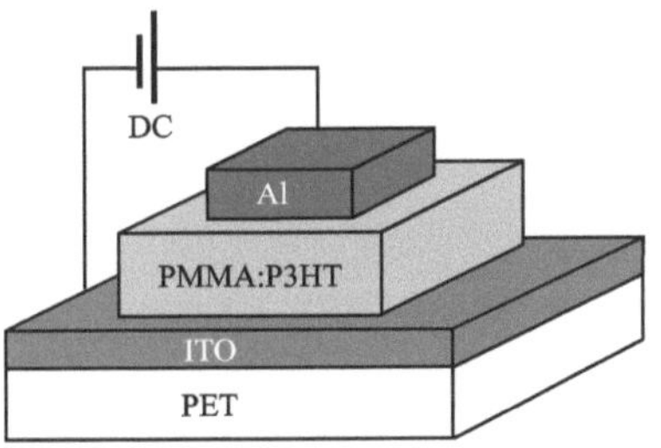

Abbildung 1.9: Prinzipieller Aufbau eines organischen WORM-Speichers (PMMA:P3HT) [3].

Der WORM-Speicher kann zwei Zustände mit unterschiedlich hohen Leitfähigkeiten annehmen. Der sich zunächst im hochohmigen Initialzustand (OFF) befindende Speicher kann mit einer positiven Spannung in einen niederohmigen (ON) Zustand irreversibel geschaltet werden. Der Speicherzustand kann für mindestens 10 Jahre aufrechterhalten bleiben. Das Widerstandsverhältnis zwischen ON/OFF kann bis zu 10^4 betragen.

OFeFET

Das Pendant zu einem anorganischen FRAM-Speicher ist ein OFeFET-Speicher (organic ferroelectric field effect transistor). Bei diesem Speichertyp wird die Isolationsschicht zwischen floating gate und Kanal des FETs durch eine ferroelektrische und isolierende organische Schicht ersetzt. Als Ferroelektrikum kann bei einem OFeFET z.B. eine P(VDF/TrFE)-Schicht (P(VDF/TrFE), Polyvenylidenfluorid-trifluorethylen) verwendet werden.

Eine Weiterentwicklung des OFeFET-Speichers wurde von Schmeisser et. al vorgestellt. Neben (P(VDF/TrFE)) als Ferroelektrikum wurde der Kanal des FETs mit dem organischen P3HT Halbleiter realisiert [7].

Organische bistabile Schaltelemente auf Cu(TCNQ)-Basis

Die zuvor vorgestellten WORM-Speicher fallen durch ihre günstige Herstellung und einfache Struktur auf. Leider ist die Anwendungsbreite der WORM-Speicher durch das einmalige Beschreiben eingeschränkt. Die Vorteile des mehrfachen Lese- und Schreibvorgangs bei gleichzeitig günstiger Herstellung und einfacher Struktur könnten durch die organischen bistabilen Schaltelemente (OBD) auf Cu(TCNQ)-Basis realisiert werden.
Ein mögliches Cu/Cu(TCNQ)/Al-OBD-Schaltelement kann zwei Zustände mit unterschiedlichen Leitfähigkeiten annehmen [15]. Im Gegensatz zu einem WORM-Speicher kann ein OBD-Speicher mehrmals beschrieben werden.

1.2 Ladungstransport in organischen Halbleitern

In der klassischen Halbleiterphysik wird der Ladungstransport durch das Bändermodell beschrieben [16]. Mit diesem Modell werden die intrinsistischen und thermisch aktivierten Ladungsträgervorgänge in einem anorganischen Halbleiter erklärt. Die Basis des Bändermodells stellt die starke Wechselwirkung zwischen benachbarten Atomen dar, die zu einer Aufspaltung von Energiebändern führt. Die Lage und die Breite der Energiebänder werden durch die Wechselwirkung von benachbarten Atomen bestimmt. Diese Aufspaltung von Energiebändern hat eine Delokalisierung von Ladungsträgern zur Folge.
Die Annahmen bezüglich einer interatomaren Wechselwirkung, die im Falle der anorganischen Halbleiter getroffen worden sind, können nicht ohne weiteres auf die organischen Halbleiter übertragen werden. Zwischen den organischen Molekülen bestehen Van-der-Waals Bindungen, die im Vergleich zu Wechselwirkungen in anorganischen Halbleitern wesentlich schwächer sind. Da die intermolekulare Wechselwirkung geradezu vernachlässigbar ist, sind die Ladungsträger stark auf die Einzelmoleküle lokalisiert, so dass die elektrischen Eigenschaften durch die Elektronenkonfiguration der Einzelmoleküle bestimmt ist.
Da die Ladungsträger in einem organischen Halbleiter stark auf die Moleküle lokalisiert sind, dominieren injizierte Überschussladungsträger den Ladungstransport bei angelegter Spannung. Die geringe Ladungsträgerbeweglichkeit und die hohe Anzahl von Haftstellen in einem organischen Halbleiter führen zur Ausbildung von Raumladungszonen.
Bei einem organischen Halbleiter haben Polarisationseffekte und Gitterschwingungen einen wesentlich höheren Einfluss als die intermolekulare Wechselwirkung. Die Forderung des Bändermodells nach einem starken Überlapp der Orbitale zu benachbarten Molekülen bzw. Atomen und eine hohe freie Weglänge der Ladungsträger, die in der Größenordnung eines Molekülabstands liegt, kann in einem organischen Halbleiter nicht erfüllt werden.

1.2.1 Elektronische Zustände in organischen Halbleitern

Die elektronischen Eigenschaften eines organischen Moleküls werden durch die Energieniveaus beschrieben, die sich aus der Elektronenkonfiguration eines organischen Moleküls ergeben. Die Elektronenverteilung und die Energieniveaus in einem Atom, Molekül oder Molekülverband kann durch die Lösung der Schrödingergleichung bestimmt werden [16].

$$\mathcal{H}\Psi = \mathcal{E}\Psi \tag{1.1}$$

Die Schrödingergleichung enthält neben der Wellenfunktion Ψ, den Energie-Operator E und den Hamilton-Operator H. Der Hamilton-Operator H beschreibt dabei die kinetische Energie der beteiligten Teilchen und die potentielle Energie, die die quantenmechanische Wechselwirkung des Gesamtsystems beschreibt. Unter Angabe von Randbedingungen können Eigenfunktionen bzw. Eigenwerte für die Wellenfunktion Ψ und Energie E bestimmt werden. Eine Lösung der Schrödingergleichung für ein Elektron in der Umgebung eines Atomkerns ergibt ein Atomorbital. Da die Beschreibung von bereits einfachen Systemen bezüglich der Randbedingungen und Wechselwirkung einer Wellenfunktion eine sehr hohe mathematische Komplexität aufweist, wurden für die Bestimmung der Wellenfunktion Ψ Näherungsverfahren entwickelt.

Eine Vereinfachung der Schrödingergleichung stellt die Born-Oppenheimer-Näherung dar [17]. Die Vereinfachung bezieht sich auf die Elektronenbewegung in den Molekülorbitalen und die Bewegung der Kerne. Die Kernbewegung ist deutlich langsamer als die Elektronenbewegung, so dass diese beiden Bewegungen getrennt voneinander betrachtet werden können. Eine weitere Vereinfachung betrifft die schwache Kopplung zwischen elektrischen und magnetischen Wechselwirkungsprozessen. Da die Kopplung gering ist, kann der Elektrospin als magnetischer Effekt unabhängig von der Elektronen- und Kernbewegung betrachtet werden. Das einfachste molekulare System wird durch das Wasserstoffatom beschrieben. Dieses System besteht aus einem positiv geladenen Kern und nur einem Elektron. Die Schrödingergleichung enthält Energieeigenwerte als Lösungen, die die diskreten Energieniveaus des im Coulombfeld des Kerns gebundenen Elektrons beschreiben. Den Energieniveaus werden Hauptquantenzahlen zugeordnet, die durch die entarteten Lösungen bzw. entartete Atomorbitale der Schrödingergleichung beschrieben werden.

Im zuvor beschriebenen Wasserstoffsystem wurde das Atomorbital aus der Wechselwirkung zwischen Atomkern und Elektron betrachtet. In einem Molekül mit mehreren Atomen wird die Komplexität durch die Bewegung der Kerne untereinander zusätzlich erhöht. Im Allgemeinen muss diese Wechselwirkung zwischen den Kernen im Hamilton-Operator mitberücksichtigt werden.

π-Bindung in organischen Halbleitern

Die organischen Halbleiter weisen eine besondere Struktur von Kohlenstoffverbindungen auf. Die Kohlenstoffverbindungen bilden konjugierte Doppelbindungen, die einen elektrischen Ladungstransport ermöglichen. Die besondere Struktur eines Kohlenstoffatoms wird durch die räumliche Struktur der Orbitale beschrieben. Ein Kohlenstoffatom enthält in einer sp^2-Hybridisierung drei in einer Ebene liegende hantelförmige sp^2-Hybridorbitale, die jeweils einen Winkel von 120° zueinander einschliessen [18]. Senkrecht zu der sp^2-Hybridorbitalebene steht ein weiteres p_z-Orbital, siehe Abb. 1.10.

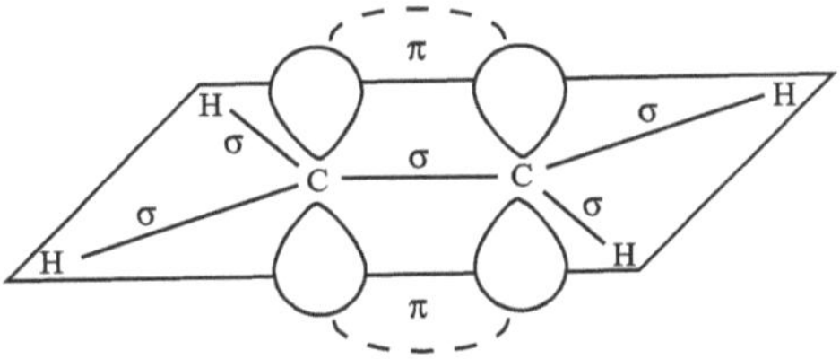

Abbildung 1.10: Räumliche Lage von Molekülorbitalen einer Ethen Kohlenstoffverbindung. Die sp^2-Hybridorbitale liegen in einer Ebene und bilden eine starke σ-Bindung. Senkrecht zu dieser Hybridorbitalebene stehen p_z-Orbitale, die eine π-Bindung eingehen [18].

In der sp^2-Hybridorbitalebene können zwischen zwei Kohlenstoffatomen durch den Überlapp von sp^2-Hybridorbitalen sehr starke kovalente Bindungen eingegangen werden. Diese starke kovalente Bindung wird auch als σ-Bindung bezeichnet. Eine Bindung geht mit einer Aufspaltung der Energieniveaus einher, so dass das sp^2-Hybridorbital in ein besetztes bindendes σ-Molekülorbital und ein unbesetztes anti-bindendes σ^*-Molekülorbital aufgespalten wird.
Das senkrecht zu der sp^2-Hybridorbitalebene stehende p_z-Orbital geht ebenfalls eine Bindung ein, die als π-Bindung bezeichnet wird. Die Wechselwirkung zwischen benachbarten p_z-Orbitalen ist wesentlich schwächer als die Wechselwirkung zwischen den sp^2-Hybridorbitalen in der sp^2-Hybridorbitalebene. Da die Wechselwirkung der p_z-Orbitale sehr schwach ist, können der π-Bindung keine Elektronen zugewiesen werden, so dass diese oberhalb und unterhalb der sp^2-Hybridorbitalebene delokalisierter sind und so den Ladungstransport innerhalb eines Moleküls ermöglichen.
Wie die Aufspaltung der sp^2-Orbitale in bindende und anti-bindende Molekülorbitale, führt die Wechselwirkung zwischen den p_z-Orbitalen ebenfalls zu einer Aufspaltung der Energieniveaus, die jedoch nicht ganz so stark ausgeprägt ist.
Die in Wechselwirkung getretenen p_z-Orbitale bilden ein bindendes π-Orbital und ein anti-bindendes π^*-Orbital.
Die σ- und π-bindenden Orbitale werden bzw. können zwei Elektronen mit jeweils entgegengesetzten Spin aufnehmen (Abb. 1.11). Die restlichen anti-bindenden Orbitale bleiben unbesetzt. Die entscheidende Rolle bei den elektronischen und den optischen Anregungsprozessen spielt die energetische Lage der π und π^* Orbitale.

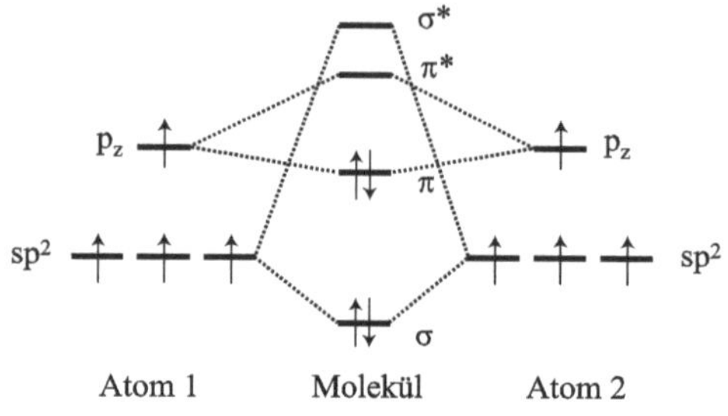

Abbildung 1.11: Aufspaltung von π- und σ-Orbitalen. Diese sind nach dem Pauliprinzip mit bis zu max. zwei Elektronen mit unterschiedlichen Spin besetzt [19]

Die unbesetzten π*-Orbitale werden zugleich als die niedrigsten unbesetzten Molekülorbitale LUMO (engl. lowest unoccupied molecular orbital) bezeichnet und die π-Orbitale als die höchsten besetzten Molekülorbitale HOMO (engl. highest ocuppied molecular orbital). Der Übergang zwischen dem LUMO und dem HOMO beschreibt den Molekülübergang, bzw. die Bandlücke mit der niedrigsten Anregungsenergie.
Für das Herauslösen eines Elektrons aus dem HOMO wird eine bestimmte Energie benötigt, die als Ionisierungsenergie bezeichnet wird. Das Herauslösen eines Elektrons führt zu einer positiven Ionisierung des zuvor neutralen Molekülverbunds. Weiteres Herauslösen von Elektronen erfordert höhere Ionisierungsenegien, die zu mehrfach positiven Ionen führt. Die Umkehrung dieses Sachverhalts führt zu einer Auffüllung der Orbitale mit Elektronen. Die dabei freiwerdende Energie wird als Elektronenaffinität bezeichnet.

1.2.2 Ladungstransport in organischen Halbleitern

Bei den allgemeinen Betrachtungen wird davon ausgegangen, dass die Ladungsträgerdichte der Maxwell-Boltzmann-Verteilung unterliegt und die Haftstellendichte durch die Fermi-Dirac-Verteilung beschrieben wird. Der Ladungstransport in einem organischen Halbleiter wird nicht durch den Transport eines Ladungsträgers entlang eines Moleküls bestimmt, sondern zwischen benachbarten Molekülen. Eine starke Lokalisierung des HOMO auf das jeweilige Molekül führt zu einer geringen Menge von Ladungsträgern, die für den intermolekularen Transport zur Verfügung stehen. Des Weiteren müssen bei der Betrachtung des Ladungstransports auch die intra- und intermolekulare Polarisierungseffekte berücksichtigt werden.

Polaronen

Der Ladungstransport in einem undotierten organischen Halbleiter wird durch die injizierten Ladungsträger bestimmt. Die Annahme eines delokalisierten Leitungsbandes, das durch das Bändermodell begründet in anorganischen Halbleitern Verwendung findet, kann aufgrund der starken Lokalisierung des HOMO in organischen Halbleitern nicht verwendet werden.
In organischen Halbleitern führen die injizierten Ladungsträger zu einer Störung in der molekularen Anordnung und so zu einer Polarisation. Die Bewegung der Ladungsträger durch einen organischen Halbleiter kann als eine Bewegung von Quasiteilchen aufgefasst werden. Die Quasiteilchen bestehen aus einem Ladungsträger und einem Polarisationsquant. Diese positiven und negativen Quasiteilchen werden als Polaronen bezeichnet. Die Energieniveaus dieser beiden geladenen Quasiteilchen E_p^+ und E_p^- beschreiben bestimmte Ionisierungszustände und liegen energetisch in einem Abstand zu einander, der als Transportbandlücke E_T bezeichnet wird [17].

Haftstellen

Der Ladungstransport in einem organischen Halbleiter wird durch weitere Störungen beeinträchtigt. Die organischen Materialien enthalten viele strukturelle Defekte und eine hohe Anzahl von chemischen Verunreinigungen in Form von Fremdatomen. Neben Fremdatomen, die unabsichtlich als Verunreinigung in einem organischen Material vorgefunden werden können, werden auch gezielt Fremdatome eingebaut um die elektronischen Eigenschaften der organischen Materialien den gewünschten Anforderungen anzupassen. Die gezielte Verunreinigung mit Fremdatomen wird als Dotieren bezeichnet.
Das Dotieren des organischen Halbleiters mit Fremdatomen führt zur Bildung eines Energieniveaus, das als Haftstellenniveau bezeichnet wird und sich innerhalb der Bandlücke befindet. Die eingebauten Fremdatome weisen in der Regel eine andere Ionisierungsenergie und Elektronenaffinität auf, als das ursprüngliche organische Halbleitermaterial. Übersteigt die Ionisierungsenergie des ursprünglichen organischen Halbleiters die des Fremdatoms, so bildet sich in der Bandlücke eine Lochhaftstelle. Fremdatome, die eine größere Elektronenaffinität als der ursprüngliche organische Halbleiter aufweisen, führen zur Bildung einer Elektronenhaftstelle. Des Weiteren führt der Einbau von Fremdatomen zu einer lokalen Deformation der organischen Kristallstruktur, die gleichzeitig eine lokale Polarisierung nach sich zieht. Diese Polarisierung wirkt sich auf die Haftstellenniveaus aus und führt zu einer Verschiebung.
Strukturelle Defekte bzw. Gitterfehler führen zu lokalen Schwankungen der Moleküldichte. Diese führt zu einer lokalen Veränderung der Polarisierbarkeit und hat damit einen direkten Einfluss auf die energetische Lage der Polaronenzustände.

Poole-Frenkle-Effekt

In einem organischen Halbleiter kann nicht davon ausgegangen werden, dass ein kontinuierlicher Ladungstransport stattfindet. Die zuvor beschriebenen strukturellen Defekte und/oder eingebaute Fremdatome führen zu einer großen Anzahl von Haftstellen und damit zu einer hohen Anzahl von Ladungsträgern, die immobilisiert werden. Der Poole-Frankle-Effekt erklärt das elektronische Verhalten von immobilisierten Ladungsträgern und kann mit dem Schottky-Effekt verglichen werden, der eine Absenkung der Potentialbarierre bei einer Ladungsträgerinjektion beschreibt. Des Weiteren beschreibt der Effekt die Absenkung einer Potentialbarierre durch das elektrische Feld, so dass ein Ladungsträger die Haftstelle verlassen kann und für kurze Zeit in das Leitungsband gehoben wird und somit zum Ladungstransport beitragen kann. Die Wahrscheinlichkeit die Haftstelle zu verlassen, steigt mit der elektrischen Feldstärke E und mit der Temperatur T. Für die energetische Absenkung der Potentialbarriere E_{pF} durch den Poole-Frenkle-Effekt gilt:

$$\Delta E_{pF} = \left(\frac{q^3 E}{\pi\varepsilon}\right)^{\frac{1}{2}} = \beta_{pF} E^{\frac{1}{2}}. \tag{1.2}$$

Dabei wird β_{pF} als Poole-Frenkle-Konstante bezeichnet.

Die Stromdichte J in einem amorphen Material mit einer Haftstellendichte N_t mit einer beliebigen sphärischen Haftstellenleitung (d. h. nicht nur auf die Richtung des elektrischen Feldes beschränkt), kann durch folgenden Ausdruck beschrieben werden,

$$J = 2qN_t(kT)^3 \beta_{pF}^{-1} \mu_a \; exp[-(E_C - E_{tn})/kT] \alpha_{pF}^{-1} (\alpha_{pF} \; cosh\alpha_{pF} - sinh\alpha_{pF}). \tag{1.3}$$

Bei einem feldrichtungsabhängigen Haftstellenstrom kann $\alpha_{pF} \; cosh\alpha_{pF} - sinh\alpha_{pF}$ durch $\alpha_{pF} \; sinh\alpha_{pF}$ ersetzt werden. Dabei gilt für α_{pF}

$$\alpha_{pF} = \frac{\beta_{pF} E^{\frac{1}{2}}}{kT} \tag{1.4}$$

und für die Beweglichkeit μ_a in einem amorphen Material gilt

$$\frac{\partial v}{\partial E} dE = \mu_a E \tag{1.5}$$

mit der Ladungsträgergeschwindigkeit v [16].

Hopping-Modell

Eine aussreichende hohe Konzentration von strukturellen Defekten und eingebauten Fremdatomen bzw. Molekülen führt in einem organischen Halbleiter zu einem Überlapp von Wellenfunktionen der Defektzentren, so dass es zu einer Bildung von einem Defekt- bzw. Störstellenband kommt. Das Störstellenband bzw. die Wellenfunktionen der Defektzentren können sich sowohl über den ganzen organischen Halbleiter ausbreiten, als auch einen lokalisierten Charakter aufweisen.
Im allgemeinen ist der Wellenfunktionenüberlapp der Defektzentren gering, so dass der Übergang eines Ladungsträgers von einer Störstelle zu einer anderen durch ein thermisch aktviertes Tunneln beschrieben wird.
Der Hüpfvorgang eines Ladungsträgers von einem besetzten in den nächsten unbesetzten Defektzustand wird als Miller-Abrahams-Hopping oder Nearest-Neighbour-Hopping bezeichnet [20]. Der Hoppingvorgang ist durch folgende zwei Schritte gekennzeichnet. Der in einem Defektzentrum gefangene Ladungsträger nimmt thermische Energie W aus dem Gitter auf, um anschliessend aus einer Potentialsenke heraus durch eine Potentialbarriere in den nächsten Energiezustand zu tunneln. Die Sprungrate v eines Ladungsträgers wird im folgendem Ausdruck dargestellt:

$$v = v_0 \; exp(W/kT) exp(-2\alpha_L R) \tag{1.6}$$

Dabei stellt v_0 die Frequenz dar, mit der der Ladungsträger die Potentialbarriere durchzutunneln versucht, bzw. die Frequenz der Kristallgitterschwingungen. Mit R wird der Abstand zum nächsten Nachbarn definiert und mit $exp(-2\alpha_L R)$ wird der Überlapp der Wellenfunktionen der benachbarten Zustände beschrieben, wobei α_L^- als Lokalisierungslänge der Ladungsträger betrachtet werden kann. Die Leitfähigkeit wird durch den folgenden Ausdruck beschrieben:

$$\sigma = 2e^2 R^2 N(E_F) v_0 \; exp(-2\alpha_L R) exp(-W/kT). \tag{1.7}$$

Für den Fall, dass $\alpha_L R_0 \gg 1$ wird der Hüpfprozess zum Nearest Neighbour erwartet, wobei R_0 den gemittelten Abstand zum nächsten Nachbarn darstellt. Eine Modifikation des Hüpfprozesses muss vorgenommen werden, falls $\alpha_L R_0 < 1$ gilt. In diesem Fall sind die

Ladungsträger nicht nur auf das Tunneln zum nächsten Nachbarn beschränkt, sondern es können auch größerere Bereiche durchgetunnelt werden, vorrausgesetzt die Energiedifferenz zwischen Start- und Zielzustand ist geringer als zum umittelbaren Nachbarzustand. Dieses Verhalten wird in Abb. 1.12 dargestellt und wird als Variable-Range-Hopping bezeichnet.

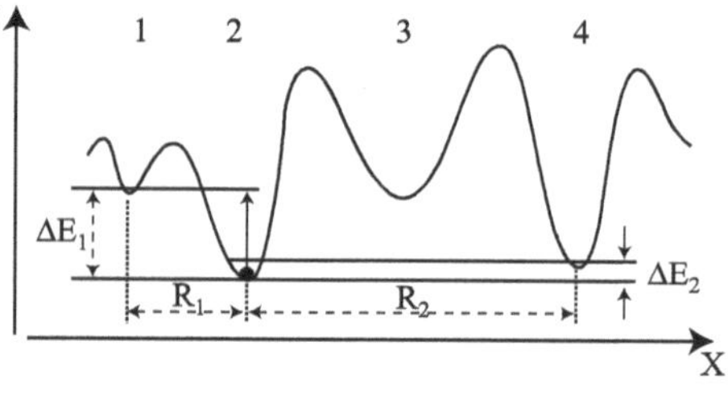

Abbildung 1.12: Ein Elektron in Potentialmulde 2 nimmt thermische Energie ΔE_1 auf und tunnelt beim Nearest-Neighbour-Hopping über eine Barriere in die Potentialmulde 1. Bei tieferen Temperaturen könnnte das Variable-Range-Hopping „günstiger“ sein, und das Elektron würde zu Potentialmulde 4 durchtunneln [20].

1.2.3 Raumladungsbegrenzende Ströme

Unipolare Raumladungsbegrenzende Ströme in organischen Materialien

Bei der Betrachtung des Ladungstransports in einem organischen Halbleiter muss die Limitierung des Stromflusses durch Injektionsprozesse an den Kontakten berücksichtigt werden. Die in den organischen Halbleiter injizierten Ladungsträger werden durch die niedrige Leitfähigkeit (in dem Halbleiter) schneller injiziert als abtransportiert. In diesem Fall ist der Halbleiter nicht mehr elektrisch neutral. Der elektrische Gleichgewichtszustand wird durch die Ladungsumverteilung der Überschussladungen erreicht. Diese elektrische Umverteilung wird dielektrische Relaxation genannt.
Die an einem Kontakt kontinuierlich injizierten Ladungsträger führen zu einer Anreicherung der betreffenden Ladungsträgerart. Diese Anreicherung führt zur Bildung einer Raumladungszone. Die Raumladungszone schirmt mit seinem elektrischen Feld den Kontaktbereich ab und begrenzt damit die Stromdichte im Halbleiter. Der durch den Halbleiter fließende Strom wird als raumladungsbegrenzter SCL (space charge limited) Strom bezeichnet.

Die Abhängigkeit der Stromdichte in einem haftstellenfreien Halbleiter kann durch das Mott-Gurney-Gesetz beschrieben werden:

$$J = \frac{9}{8}\varepsilon_0\varepsilon_r\mu\frac{U^2}{d^3}. \tag{1.8}$$

Die Stromdichte J wird durch die absolute und relative Dielektrizitätszahl ε_0 und ε_r, die Beweglichkeit der injizierten Ladungsträger μ, die Spannung U und den Kontaktabstand d beschrieben.

Das Mott-Gurney-Gesetz beschreibt die Stromdichte in einem idealisierten haftstellenfreien Material bei einer unipolaren Injektion. In einem realen organischen Halbleiter müssen Haftstellen mitberücksichtigt werden, da es keinen perfekten Kristall gibt. Das Mott-Gourney-Gesetz kann nur angewendet werden, wenn die TFL-Bedingung (traps-filled limit) erfüllt ist, d. h. wenn alle Haftstellen besetzt sind.

Bei kleinen Spannungen kann in einem organischen Halbleiter davon ausgegangen werden, dass die Stromdichte durch die intrinsische Leitung durch einen ohmschen Bereich beschrieben wird. Dieses Verhalten trifft zu, solange die thermisch generierten freien Ladungsträger p_0 im Halbleiter dominieren, so dass folgende Beziehung gilt

$$qp_o\mu_p\frac{U}{d} = \frac{9}{8}\varepsilon\mu_p\frac{U^2}{d^3}. \tag{1.9}$$

Das Verhalten der Stromdichte J in einem haftstellenfreien Halbleiter wird in Abb. 1.13 dargestellt. Die Stromdichte wird bei kleinen Spannungen V durch die intrinsischen Ladungsträger bestimmt, so dass die Kennlinie einen ohmschen Charakter aufweist. Mit steigender Spannung geht die Kennlinie kontinuierlich in den SCL-Bereich über, der durch die injizierten Ladungsträger bestimmt wird. V_Ω beschreibt den Spannungswert, an dem die Driftzeit der intrinsisch generierten Ladungsträger in etwa gleich der dielektrischen Relaxationszeit ist.

Dieses vorgestellte Verhalten nach dem Mott-Gourney-Gesetz berücksichtigt nur den einfachsten Fall der SCL-Leitung. In der Realität wird man keine haftstellenfreie Halbleiter, d. h. perfekten Kristalle vorfinden, so dass Haftstellen bei einem allgemeinen Ladungstransport durch einen organischen Halbleiter mitberücksichtigt werden müssen. Die Verteilung der Haftstellen in einem organischen Halbleiter kann unterschiedliche Verteilungen aufweisen. Reine Kristalle weisen im Allgemeinen eine diskrete Haftstellenenergieverteilung auf, wohingegen die Haftstellenergieverteilung in polykristalline und amorphe Materialien nach bestimmten Verteilungsfunktionen erfolgen kann [16].

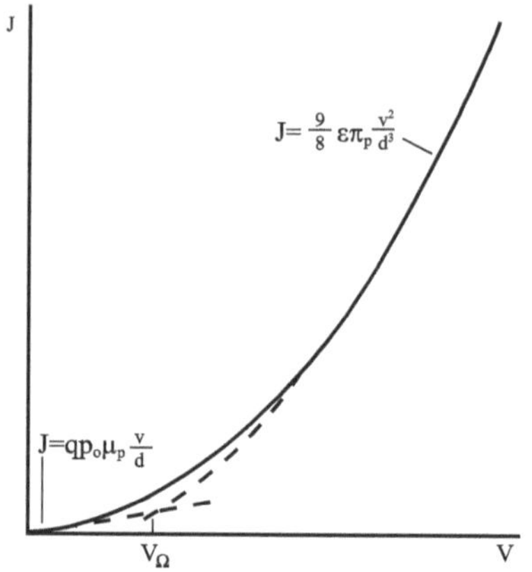

Abbildung 1.13: Stromdichte-Spannung Kennlinie eines haftstellenfreien Halbleiters. Bei kleinen Spannungen wird die Stromdichte durch intrinsische Ladungsträger bestimmt. Ab V_Ω wird die Stromdichte durch injiziierte Ladungsträger bestimmt [16].

Bei einem organischen Halbleiter mit einer diskreten Haftstellenverteilung werden mit steigender Anzahl injizierter Ladungsträger die Haftstellen besetzt, so dass die Besetzung der Haftstellen durch den folgenden Zusammenhang beschrieben werden kann:

$$J = \frac{9}{8}\varepsilon\mu_P\Theta_a\frac{U^2}{d_{eff}^3}. \tag{1.10}$$

Die Gleichung ähnelt sehr stark dem Mott-Gourney-Gesetz und hat ein vergleichbares charakteristisches Kennlinienverhalten. Die Gleichung wurde um den Faktor Θ_a erweitert. Mit diesem Faktor wird das Verhältnis von freien Ladungsträgern p zu allen anderen in Haftstellen gebundenen p_t und freien Ladungsträgern dargestellt.

$$\Theta_a = \frac{p}{p+p_t} \tag{1.11}$$

Die Schichtdicke d wurde durch d_{eff} ersetzt und kann als effektive Schichtdicke bezeichnet werden. Die Differenz zwischen d und d_{eff} wird auf eine inhomogene räumliche Verteilung von freien und haftstellengebundenen Ladungsträgern zurückgeführt.

Bei der Betrachtung von Haftstellen muss zwischen tiefen und flachen Haftstellen unterschieden werden. Eine Elektronenhaftstelle wird als flach bezeichnet, wenn sich ihr Energieniveau E_{tn} oberhalb der Fermi-Energie E_f befindet, bzw $E_{tn} > E_f + k_B T$ gilt. Für tiefe Haftstellen gilt $E_{tn} < E_f + k_B T$. Bei der Betrachtung von Löcherhaftstellen werden die Ungleichungen analog angepasst. Die tiefe Haftstellendichte folgt der Fermi-Dirac-Verteilung und die flache Haftstellendichte wird durch die Maxwell-Boltzmann-Verteilung beschrieben.
Abb. 1.14 zeigt einen prinzipiellen Kennlinienverlauf der Stromdichte J in Abhängigkeit von der angelegten Spannung V in doppelt logarithmischer Auftragung für einen Halbleiter mit einer diskreten und tiefen Haftstellendichte. Die Kurvenverläufe A und A′ zeigen zwei Kennlinienverläufe mit unterschiedlichen Löcherhaftstellendichten.

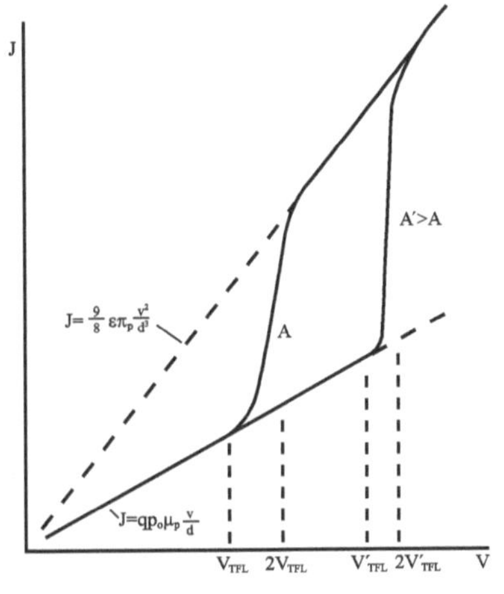

Abbildung 1.14: Stromdichte-Spannung Kennlinien eines Halbleiters mit einer diskreten und tiefen Haftstellenverteilung. Die Haftstellendichte wurde im Kennlinienverlauf *A* gegenüber Kennlinienverlauf *A′* variiert [16].

Der Kurvenverlauf, bedingt durch intrisische Leitung, beginnt mit einem ohmschen Bereich. Mit steigender Spannung steigt die Anzahl der injiziierten Ladungsträger, die die tiefen Haftstellen besetzen, diese jedoch thermisch nicht verlassen können. Die Stromdichte J zeigt während dieser Besetzung der tiefen Haftstellen ein ohmsches Verhalten. Bei V_{TFL} sind alle Haftstellen besetzt und die Stromdichte steigt sprungartig an und geht in den haftstellenfreien Kennlinienverlauf gemäß Mott-Gourney-Gesetz über.

Handelt es sich bei einem organischen Halbleiter mit einer diskreten Haftstellenverteilung nicht um einen mit tiefen, sondern um einen mit flachen Haftstellen behafteten Halbleiter, so muss mit einer leichteren thermischen Freigabe von Ladungsträgern aus einer Haftstelle gerechnet werden. Dieser Zusammenhang wird in Abb. 1.15 anhand der schematischen Stromdichte-Spannung-Kennlinie in doppelt logarithmischer Auftragung dargestellt.

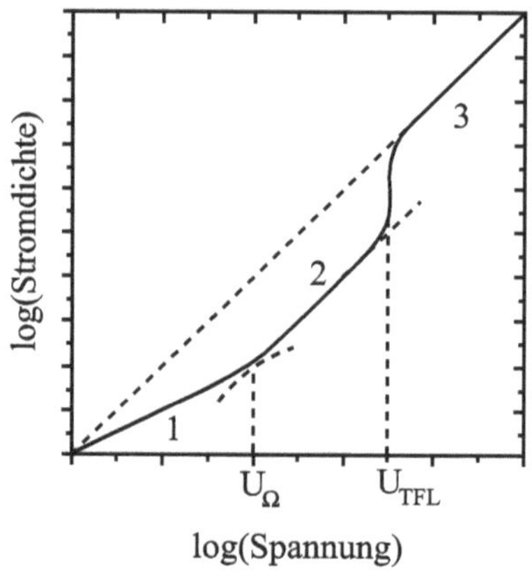

Abbildung 1.15: Stromdichte-Spannung Kennlinie eines Halbleiters mit einer diskreten und flachen Haftstellenverteilung: 1) ohmscher Bereich durch intrinsische Leitung , 2) Haftstellenbegrenzung des Stroms und 3) SCL-Strom bei gefüllten Haftstellen [17].

Der Verlauf der Kennlinie wird bei kleinen Spannungen durch die intrinsische Leitung bestimmt, die einen ohmschen Charakter aufweist. Ab U_ω wird der Ladungstransport durch die injizierten Ladungsträger dominiert und die Kennlinie geht in einen quadratisch verlaufenden Bereich über. Mit steigender Spannung steigt die Besetzung der Haftstellen, so dass diese bei U_{TFL} vollständig besetzt sind. Die Stromdichte steigt bei U_{TFL} sprungartig an, da die injizierten Ladungsträger nicht mehr durch Haftstellen beeinflusst werden.

Bipolare Raumladungsbegrenzende Ströme

In den vorhergehenden Betrachtungen wurden die Ladungsträger über eine Elektrode in das Halbleitermaterial injiziert, die durch unterschiedliche Haftstellenverteilungen beein-

flusst worden sind. Bei einer bipolaren Injektion werden beide Ladungsträgersorten d.h. Elektronen und Löcher gleichzeitig in den Halbleiter injiziert [21]. Die Injektion von zwei Ladungsträgersorten führt zu einem komplexeren Verhalten, da neben der Haftstellenleitung auch zusätzlich die Rekombination der Ladungsträger mit berücksichtigt werden muss.
Im eingeschwungenen Zustand kann davon ausgegangen werden, dass die Generationsrate von Löchern und Elektronen gleich der Rekombinationsrate ist und die Besetzung von Haftstellen und das Freiwerden ebenfalls gleich ist, so dass für die ortsabhängige Kontinuitätsgleichung gilt:

$$\frac{1}{q}\frac{dJ_n(z)}{dz} = -\frac{1}{q}\frac{dJ_p(z)}{dz} = R(z). \tag{1.12}$$

Im Allgemeinen kann zwischen vier maßgebenden bipolaren Injektionstypen mit folgenden Eigenschaften unterschieden werden:

- keine Haftstellen und keine Rekombinationszentren
- Haftstellen behaftet und keine Rekombination
- keine Haftstellen und Rekombinationszentren
- Haftstellen behaftet und Rekombinationszentren.

Diese können selbst noch unterschiedliche energetische Verteilungen aufweisen, so dass sich eine analytische Lösung als sehr schwierig erweist. Die Betrachtung von Oberflächenladungen oder Kontaktbarrieren an den Kontaktschnittstellen erhöht zusätzlich die Komplexität der Berechnungen, womit an dieser Stelle auf weiterführende Literatur verwiesen werden soll [16].

Eine bipolare Injektion kann gegenüber einer unipolaren Injektion zu zwei sehr wichtigen Phänomenen führen. Zum einem kann eine bipolare Injektion zu einer Elektrolumineszenz und zum anderen zur Bildung eines Bereichs mit einem negativen differentiellen Widerstand NDR (negative differential resistance) führen.
Eine mögliche Erklärung für den negativen differentiellen Widerstand wurde von Stafeev vorgeschlagen und später auch unter anderem in Si und Ge aber auch in organischen Materialien experimentell nachgewiesen [16]. Nach Stafeevs Modell hat der NDR-Bereich seinen Ursprung in der unterschiedlich langen Lebensdauer der beiden Ladungsträgersorten. Der Unterschied in der Lebensdauer wird durch eine kritische Spannung initiiert, die zu einer Absenkung der Rekombinationsbarriere für die Löcher führt. Die Lebensdauer der Löcher

wird erhöht und bei steigender Löcherinjektion können mehr Löcher durch Halbleiter fließen und so zum Ausbilden eines negativen differentiellen Widerstands führen.

1.2.4 Kontaktinjektion

Im Allgemeinen wird ein elektrischer Kontakt als eine Schnittstelle zwischen einem metallischen und einem nicht metallischen Material verstanden. Bei dem nicht metallischen Material kann es sich z.B. um einen Halbleiter oder Isolator handeln. Durch die geeignete Wahl eines Halbleiters oder Isolators kann die Ladungsinjektion ermöglicht oder verhindert werden.

Werden zwei Materialien in Kontakt gebracht, so werden die Ladungsträger aus einem der Materialien in den anderen fließen und umgekehrt. Dieser Ladungsträgerfluss wird so lange andauern, bis ein Gleichgewicht hergestellt wird bzw. die Fermienergieniveaus der beiden Materialien sich an der Kontaktgrenzfläche angeglichen haben. Zu beiden Seiten der Grenzfläche bilden sich Raumladungen, die die beiden Materialen durch eine Potentialstufe energetisch separieren. Diese Potentialstufe wird im Allgemeinen als Kontaktbarriere bezeichnet und bestimmt den ohmschen Kontaktwiderstand oder auch einen nichtlinearen Strom-/Spannungsverlauf.

Für die Höhe der Kontaktbarriere gilt im einfachsten Fall die Differenz der Austrittsarbeit zwischen zwei unterschiedlichen Materialien. Im Allgemeinen muss beachtet werden, dass die Austrittsarbeit eines Metalls nur durch die obersten Atomlagen bestimmt wird. Verunreinigungen, strukturelle Defekte, Temperatureinflüsse aber auch eine polykristalline Metalloberfläche wirkt sich stark auf die Austrittsarbeit ϕ_m aus, so dass folgender Zusammenhang für die gemittelte Austrittsarbeit eines Metalls gilt:

$$\Phi_m = \sum_i a_i \Phi_{mi} \, / \sum_i a_i. \tag{1.13}$$

Dabei beschreibt ϕ_{mi} die Austrittsarbeit am Ort a_i.

Die Höhe der Kontaktbarriere an einer Metall/Organik Grenzfläche kann durch eine Mott-Schottky-Relation beschrieben werden. Die Höhe der Kontaktbarriere wird durch die energetische Lage des Transportbands E_T bestimmt, das durch die Transportniveaus E_p^- und E_p^+ begrenzt wird. Abhängig vom Ladungsträgertyp ergeben sich die entsprechenden Barrierenhöhen für Elektronen und Löcher. Für die Höhe der Energiebarriere gelten die Zusammenhänge

$$\phi_{Be} = \phi_m - A, \quad \phi_{Bh} = \phi_m - I, \tag{1.14}$$

mit der Elektronenaffinität A und der Ionisierungsenergie I. Mit abnehmendem Abstand zwischen Metall- und Organikkontaktfläche muss mit einer Verschiebung der Eletronenaffinität und der Ionisierungsenergie gerechnet werden, die auf eine erhöhte Polarisierung der Umgebung durch die elektrisch leitende Metalloberfläche zurückzuführen ist [17].
Die Höhe der Kontaktbarriere oder Injektionsbarriere kann durch eine Kombination des elektrischen Feldes und des Schottky-Effekts reduziert werden und wird in Abbildung 1.16 dargestellt. Die Absenkung der Injektionsbarriere durch den Schottky-Effekt wird durch eine Ladung q im Halbleiter hervorgerufen, die sich in einem Abstand x zur Metallgrenzfläche befindet. Die Coulombkraft zwischen Ladung q und Metallgrenzfläche führt zu einer Absenkung der Injektionsbarriere um $\Delta E = q^2 / (16\pi\varepsilon x)$, so dass sich zusammen mit einem von außen über den Kontakt angelegten elektrischen Feld E folgender Zusammenhang für den Potentialbarriereverlauf ergibt.

$$\Psi(x) = \phi_m - \chi - \frac{q^2}{16\pi\varepsilon x} - qEx. \tag{1.15}$$

Im Allgemeinen muss davon ausgegangen werden, dass die beiden Materialien, die in Kontakt gebracht werden, strukturelle Defekte aufweisen und die Grenzfläche durch Fremdatome oder -moleküle verunreinigt wird. Diese Rahmenbedingungen führen zu Filamentkonzepten, die bei der Ladungsträgerinjektion berücksichtigt werden müssen.

Injektionsmodelle

Ein weit verbreitetes Modell, das die Ladungsinjektion am Kontakt beschreibt, stellt das thermionische Injektionsmodell dar. Bei diesem Modell wird die Potentialbarriere durch thermische Aktivierung überwunden. Für den Fall, dass alle emittierten Ladungsträger nicht durch Raumladung oder Haftstellen beeinflusst werden, gilt für die Stromdichte der folgende Zusammenhang:

$$j = AT^2 exp(-\frac{\Phi_B}{kT}). \tag{1.16}$$

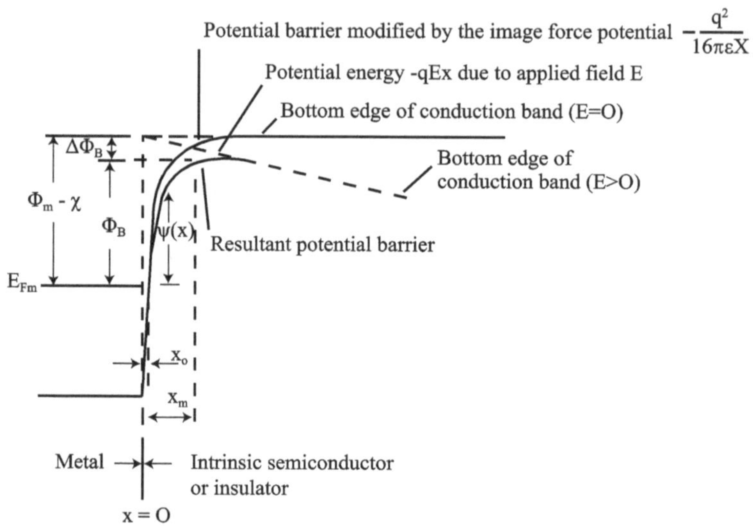

Abbildung 1.16: Die Höhe der Kontaktbarriere wird durch eine Kombination des elektrischen Feldes und des Schottky-Effekts reduziert [16].

Der Parameter A hängt von den Kontakteigenschaften ab, so dass für die Übergänge in einen Halbleiter oder Isolator sich unterschiedliche Zusammenhänge ergeben. Für den einfachsten Fall, d. h. für einen Kontakt zwischen Metall und Vakuum, ergibt sich für A die Richardson-Konstante mit

$$A = \frac{4\pi q k^2 m}{h^3}. \tag{1.17}$$

Für einen organischen Halbleiter, bei dem die Absenkung der Potentialbarriere durch den Schottky-Effekt mitberücksichtigt worden ist, ergibt sich folgender Ausdruck:

$$j = -AT^2 exp\left(-\frac{\Phi_B - (\frac{q^3 E}{4\pi\varepsilon_r\varepsilon_0})^{\frac{1}{2}}}{kT}\right) \quad \text{mit} \quad A = \frac{q m_{eff} k^2}{2\pi^2 \bar{h}^3} \tag{1.18}$$

mit m_{eff} als effektive Elektronenmasse im organischen Halbleiter. Die mit diesem Modell errechneten Stromdichten weichen stark von denen ab, die im Experiment ermittelt worden sind, so dass eine Modifizierung des Modells vorgenommen wird [16, 17].

Das thermionische Injektionsmodell kann an die Richardson Glühemission im Vakuum angelehnt werden und eignet sich daher für die Charakterisierung des Injektionsstroms bei hohen Temperaturen. In Abb. 1.17 wird dies als T-Emission bezeichnet.

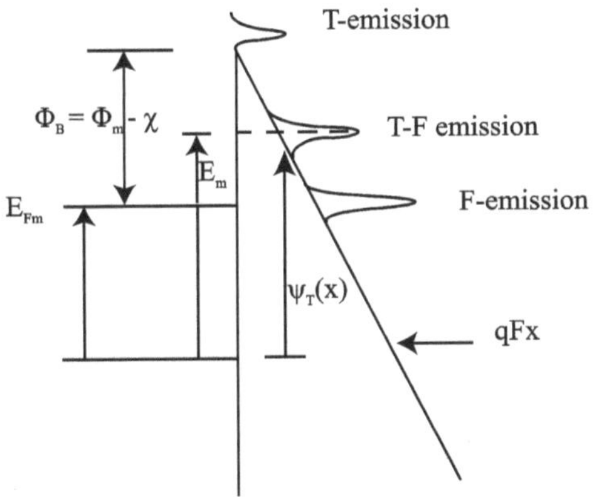

Abbildung 1.17: Schematisches Energieniveaudiagramm mit thermionischer Injektion (T-Emission), thermionischer Feldinjektion (T-F-Emission) und Feldinjektion (F-Emission) [16].

Bei tiefen Temperaturen wird die Injektion hauptsächlich durch einen Tunnelstrom bestimmt. Für die Stromdichte des Tunnelstroms bei Vernachlässigung des Schottky-Effekts gilt,

$$J = \frac{A^* T^2 \pi \; exp(-2\alpha\phi_B{}^{\frac{3}{2}}/3qE)}{(\alpha\phi_B{}^{\frac{1}{2}} kT/qE) sin(\pi\alpha\phi_B{}^{\frac{1}{2}} kT/qE)}, \tag{1.19}$$

mit

$$\alpha = \frac{4\pi(2m)^{\frac{1}{2}}}{h} \tag{1.20}$$

und

$$A^* = \frac{4\pi q m_{eff} k^2}{h^3}. \tag{1.21}$$

Die energetische Lage des Tunnelstoms liegt in etwa auf der Höhe des Ferminiveaus, in Abb. 1.17 als F-Emission bezeichnet. Für tiefe Temperaturen (T $\longrightarrow$ 0) gilt folgende Gleichung für die Stromdichte

$$J = \frac{A^* T^2}{\phi_B}\left(\frac{qE}{\alpha kT}\right)^2 exp\left(-\frac{2\alpha\phi_B^{\frac{3}{2}}}{3qE}\right), \tag{1.22}$$

die die temperaturunabhängige Fowler-Nordheim-Gleichung darstellt.

Bei mittleren Temperaturen findet das Modell der Thermionischen Feldinjektion Anwendung und wird in Abb. 1.17 als T-F-Emission gekennzeichnet. Die Stromdichte wird für diesen Fall durch folgenden Ausdruck von Padovani und Stratton beschrieben [16]

$$J = J_s exp\left(q\frac{U}{E'}\right). \tag{1.23}$$

2 Eigenschaften, Herstellung und Charakterisierung von Cu(TCNQ)

Im folgenden Abschnitt werden die Eigenschaften, die Herstellung und die Charakterisierung von Cu(TCNQ)-Dünnschichten behandelt. Zunächst werden die elektrischen Eigenschaften von TCNQ vorgestellt und erläutert. Anhand von typischen Kristallpackungen von TCNQ-Verbindungen werden die Ladungstransportmechanismen diskutiert und die daraus resultierenden elektrischen Eigenschaften beschrieben.
Im Anschluss werden unterschiedliche Verfahren vorgestellt, mit denen im Laufe dieser Arbeit Cu(TCNQ) hergestellt und charakterisiert worden ist. Neben dem von Potember beschriebenen Verfahren der spontanten Elektrolyse [15] wurde auch ein weiteres nasschemisches Herstellungsverfahren angewendet. Bei diesem Verfahren wurde das Cu(TCNQ) mit Hilfe von CuI und TCNQ, gelöst in Acetonitril, hergestellt [22].
Neben diesen beiden nasschemischen Verfahren wurde auch ein trockenchemisches Verfahren verwendet, um Cu(TCNQ)-Schichten herzustellen. Bei diesem Verfahren wurde Cu und TCNQ abwechselnd auf ein Substrat thermisch aufgedampft und anschliessend einer erhöhten Temperatur ausgesetzt.

2.1 TCNQ-Radikalanion-Salze

In diesem Abschnitt werden die elektrischen Eigenschaften von 7,7,8,8-Tetracyano-1,4-chinodimethan (TCNQ) beschrieben. Die elektrischen Eigenschaften von TCNQ-Verbindungen werden durch die Ladungszustände der TCNQ-Moleküle bestimmt. Anhand von möglichen und stabilen TCNQ-Verbindungen werden Ladungstransportmechanismen vorgestellt, die in unterschiedlichen elektrischen Leitfähigkeiten resultieren.
TCNQ wurde das erste Mal 1962 von Melby et al. synthetisiert [22]. Abb. 2.1 zeigt eine schematische Darstellung eines TCNQ-Moleküls.
TCNQ ist ein sehr starker Elektronenakzeptor, der verschiedene leitfähige Zustände annehmen kann. Bereits im unveränderten neutralen Grundzustand weist TCNQ selbst eine gewisse Leitfähigkeit auf, die für Chinone charakteristisch ist. In dieser Variante besteht

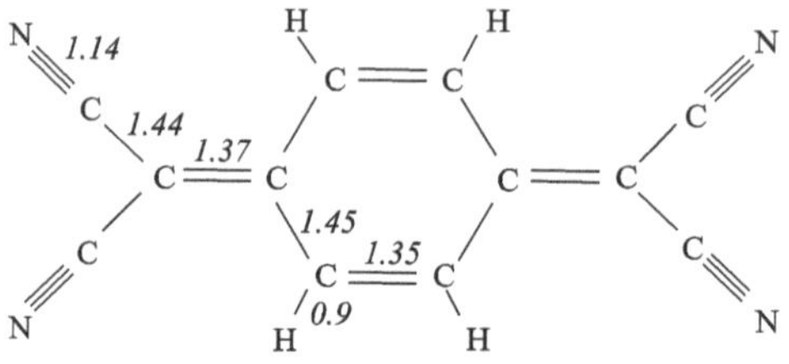

Abbildung 2.1: Struktur eines TCNQ Moleküls mit atomaren Abständen in *Å* [23]

TCNQ aus kristallinen π-Komplexen, die einen mittleren bis hohen spezifischen Widerstand aufweisen (10^3-10^4 Ωcm). Neben dieser Variante kann TCNQ zwei weitere stabile Verbindungen, bzw. Radikalionen-Salze bilden, die beide jeweils $TCNQ^-$-Radikalionen aufweisen. Zum einem kann eine $M^{n+}(TCNQ^-)_n$-Verbindung eingegangen werden, wobei M ein metallisches oder organisches Kation sein kann. Diese Salze haben einen mittleren bis sehr hohen spezifischen Widerstand (10^4-10^{12} Ωcm). Die zweite Radikalanion-Salz-Verbindung wird durch $M^{n+}(TCNQ^-)_n(TCNQ)^0$ beschrieben, enthält im Molekülverbund ein neutrales $(TCNQ)^0$-Molekül und zeichnet sich durch einen niedriegen spezifischen Widerstand aus (10^2-10^3 Ωcm). Die Bedingungen bei der Kristallisation der Radikalanionen-Salze haben entscheidenden Einfluss darauf, welche Variante des oben beschriebenen Salzes entsteht. Abb. 2.2 zeigt drei mögliche Stapelanordnungen einer TCNQ-Radikalanion-Salzverbindung. Abhängig von der Art der Stapelbildung, d. h. der Kombination der Donator- und Akzeptorstapel, die als charge-transfer-Komplexe (CT-Komplex) bezeichnet werden, ergeben sich unterschiedliche elektrische Eigenschaften. CT-Komplexe mit gemischter Stapelbildung sind Isolatoren (Abb. 2.2a) und TCNQ - Verbindungen mit getrennten Stapeln und vollständiger Elektronenübertragung zeigen halbleitende Eigenschaften (Abb. 2.2b). Um eine hohe Leitfähigkeit zu erreichen, muss neben einer getrennten Stapelbildung auch ein partieller Elektronenübergang stattfinden, siehe Abb. 2.2c [24].

In Abb. 2.3 werden die Ladungsübertragungmechanismen schematisch dargestellt. Der Unterschied in der Leitfähigkeit bei den Verbindungen mit getrennter Stapelbildung kann am einfachsten unter der Berücksichtigung nur einer Komponente gezeigt werden, hier am Beispiel des Akzeptormoleküls TNCQ.

Entlang eines Akzeptorstapels mit einer vollständigen Ladungsübertragung besitzen alle Akzeptormoleküle eine negative Ladung, siehe Abb. 2.3a. Erfolgt ein Ladungstransport entlang dieses Akzeptorstapels, so muss aus zwei einfach negativ geladenen $TCNQ^-$-Radikalionen ein neutrales $TCNQ^0$-Molekül und ein zweifach geladenes Dianion $TCNQ^{2-}$

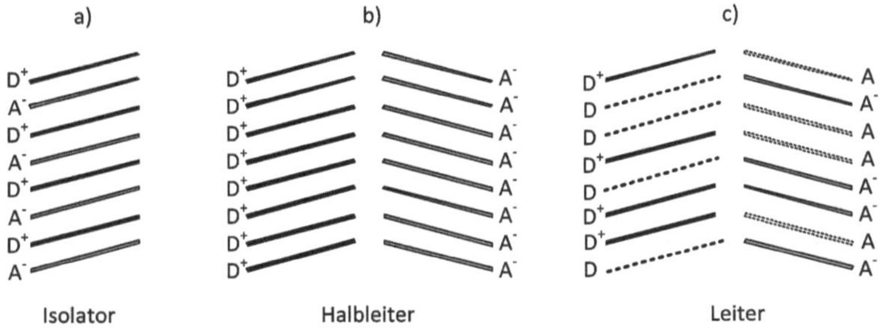

Abbildung 2.2: Schematische Darstellung von Kristallpackungen organischer Charge-Transfer-Komplexe, isolierend (a), halbleitend (b) und leitend (c) [24]

gebildet werden. Diese Ladungskonzentration aus einem neutralen Akzeptormolekül und einem zweifach negativ geladenen Anion verursacht aber hohe Elektronenabstoßungskräfte (Coulomb-Potentiale), die dazu führen, dass die Bildung des zweifach negativ geladenen Anions energetisch ungünstig ist. Die Bildung des Dianions ist mit einem hohen Energieaufwand verbunden, so dass CT-Komplexe mit vollständiger Ladungsübertragung im allgemeinen Leitfähigkeiten im Halbleiterbereich aufweisen.
Bei einer partiellen Ladungsübertragung finden sich in einem Akzeptorstapel neben Radikalanionen $TCNQ^-$ auch neutrale $TCNQ^0$ Moleküle, siehe Abb. 2.3b. In so einem Fall sind die Elektronenabstoßungskräfte klein, so dass der Ladungstransport ohne großen Energieaufwand von neutralen Molekülen auf einfach geladene Radikalanionen erfolgen kann. Diese partielle Ladungsübertragung ist entscheidend für die Bildung einer Verbindung mit hohen Leitfähigkeiten.
Für den Donorstapel gelten analog dieselben Regeln. Beinhaltet der Donorstapel einfach positiv geladene und neutrale Moleküle, so weist der Donorstapel eine sehr hohe Leitfähigkeit auf.
Die Struktur der Stapel hängt von der Kinetik der Kristallisation und der Struktur des Moleküls ab. Um zum Beispiel eine leitfähige Kombination mit getrennten Stapeln und partieller Ladungsübertragung schaffen zu können, ist ein möglichst geringer und gleichartiger Abstand der Donor- und Akzeptormoleküle notwendig. Die Donor- und Akzeptormoleküle sollten in Größe und Gestalt ein hohes Maß an Deckungsgleichheit aufweisen und möglichst planar strukturiert sein, so dass eine getrennte Stapelbildung begünstigt wird [24].

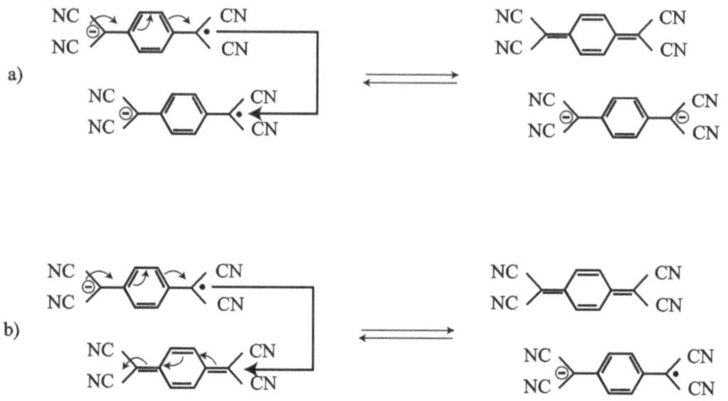

Abbildung 2.3: Schematische Darstellung des Ladungstransports in CT-Komplexen am Beispiel von TCNQ. Es wird zwischen einem vollständigen Ladungstransfer (a) und einem partiellen Ladungstransfer (b) unterschieden [24].

Ein besonders gut untersuchter organischer CT-Komplex ist der TTF-TCNQ-Komplex (Tetrathiofulvalen-tetracyanochinodimethan). Im Fall von einem TTF-TCNQ-Komplex spricht man wegen der hervorragenden Leitfähigkeit von einem organischen Metall. Die TTF- und TCNQ-Moleküle kristallisieren in separaten Stapeln und bilden so eine „Fischgräten-Struktur". Die getrennten Molekülstapel sind an sich schlechte Leiter. Erst der Ladungsübertrag zwischen TTF- und TCNQ-Molekülen macht diese Verbindung zu einem guten organischen Leiter. Da der Ladungstransport bevorzugt in Stapelrichtung erfolgt, ist die Leitfähigkeit anisotrop.

2.2 Herstellung und messtechnische Charakterisierung von Cu(TCNQ)

Im folgenden Abschnitt werden Verfahren vorgestellt mit denen Cu(TCNQ)-Schichten hergestellt werden können. Im Laufe dieser Arbeit wurden nass- und trockenchemische Verfahren zur Herstellung von Cu(TCNQ)-Schichten angewendet.
Die nasschemischen Verfahren beschreiben die Reaktion von TCNQ-Lösungen mit Kupfer oder Kupferverbindungen [15, 22, 25–27].
Das thermische Verdampfen von TCNQ und das TCNQ-Abscheiden aus der Gasphase zählt zu den trockenchemischen Verfahren zur Herstellung von Cu(TCNQ)-Schichten [28–36].
Die trockenchemischen Verfahren beschreiben die Reaktion von $TCNQ_{gas}$ mit Cu, aus der Cu(TCNQ) hervorgeht und werden im Folgenden vorgestellt.

Die unterschiedlichen Herstellungsverfahren führen zu unterschiedlichen morphologischen Ausprägungen des Cu(TCNQ) mit unterschiedlichen elektrischen Eigenschaften. Im Anschluss an die Herstellung werden die Cu(TCNQ)-Schichten messtechnisch charakterisiert und diskutiert.

2.2.1 Nasschemische Verfahren zur Herstellung von Cu(TCNQ)

Zu den nasschemischen Herstellungsverfahren, die während dieser Arbeit angewendet wurden, zählt neben der spontanen Elektrolyse die TCNQ-Reduktion mit Metalliodiden. Die spontane Elektrolyse beschreibt die Reaktion von Cu mit einer gesättigten TCNQ-Acetonitrillösung aus der Cu(TCNQ) hervorgeht. Bei der TCNQ-Reduktion mit Metalliodiden reagiert CuI mit TCNQ-Acetonitrillösung, so dass ebenfalls Cu(TCNQ) aus der Reaktion hervorgeht.

Spontante Elektrolyse

Das nasschemische Verfahren der spontanen Elektrolyse ist ein Verfahren zur Herstellung von Cu(TCNQ)-Schichten. Bei dieser Methode wird eine Cu-Schicht in eine gesättigte TCNQ-Acetonitrillösung getaucht. Die Reaktion beginnt sofort nach dem Eintauchen der Cu(TCNQ)-Schicht in die TCNQ-Acetonitrillösung ohne, die sonst für das typische Verfahren der Elektrolyse benötigte Gleichspannungsquelle. Die Reaktion wird durch folgende Gleichung beschrieben:

$$[Cu^{+}(TCNQ^{-})]_{n} \longleftrightarrow Cu_{x}^{+} + (TCNQ^{0})_{x} + [Cu^{+}(TCNQ^{-}]_{n-x} \qquad (2.1)$$

Bei der Herstellung von Cu(TCNQ)-Standardstrukturen werden zunächst die Borofloat-Glassubstrate (Schott) gereinigt. Dabei werden die Glassubstrate 17 mm x 17 mm x 1,1 mm (L x B x H) im ersten Schritt ca. 10 min in Aceton und im zweiten Schritt ca. 10 min in Isopropanol gekocht. Im Anschluss werden diese in einem Stickstoffstrom getrocknet. Nach diesen Reinigungsschritten werden die Glassubstrate in einer Aufnahmevorichtung festgeklemmt und mit einer Schattenmaske abgedeckt. Die Aufnahmevorichtung wird im Rezipienten über der Aufdampfquelle, hier Cu, befestigt. Die Deposition der Cu-Standardstrukturen erfolgt bei einem Druck von 3-5$\times10^{-6}$ mbar. Dabei werden Cu-Schichten mit einer Dicke von 100 nm abgeschieden bei einer Abscheidungsrate von 2-3 Å/s.

Die Eintauchdauer und die Temperatur der TCNQ-Acetonitrillösung (TCNQ, 98%ig, Aldrich; Acetonitril, 99,9%ig für HPLC, Aldrich) beeinflusst die Kristallstruktur. Während der Eintauchphase reagiert das TCNQ mit den oberen Schichten der Cu-Oberfläche und bildet eine Cu(TCNQ)-Schicht.

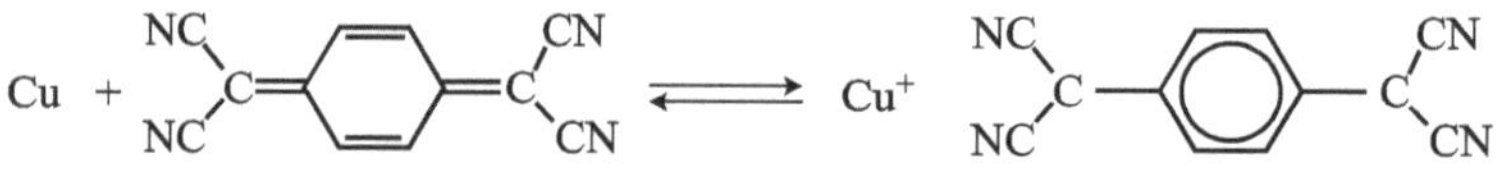

Abbildung 2.4: Die Bildung eines Cu(TCNQ) Komplexes in schematischer Darstellung (Korrosion des Kupfers) [28].

Bei der Herstellung der Cu(TCNQ)-Schichten wurde für die TCNQ-Acetonitrillösung eine Temperatur von 40 °C gewählt und die Eintauchdauer wurde zwischen 30 und 90 Sekunden variiert. Die TCNQ-Acetonitrillösung wird während des Cu(TCNQ)-Wachstumsprozesses mit einem Magnetrührer kontinuierlich umgerührt. Nach dem Eintauchen bildet sich zunächst auf der Cu-Oberfläche eine dünne dunkeltransparente Schicht, die mit zunehmender Länge der Eintauchdauer dunkler wird und bereits nach 30 Sekunden einen dichten schwarzblauen Film bildet. Gleichzeitig verfärbt sich die TCNQ-Lösung grünlich. Diese grünliche Färbung signalisiert einen erhöhten Anteil an $TCNQ^-$-Anionen, die nicht mit der Cu-Oberfläche reagiert haben. Die Redox Reaktion des Cu mit TCNQ zu einem Cu(TCNQ)-Komplex ist in Abb. 2.4 dargestellt. Bei der Reaktion wird das Cu-Atom oxidiert und das TCNQ-Molekül reduziert, wobei auf dem TCNQ-Molekül ein π-Elektronensystem entsteht. Cu(TCNQ) kann in verschiedenen Kristallstrukturen kristallisieren. Heintz et al. konnten einen direkten Zusammenhang zwischen Eintauchdauer der Cu-Schicht in die TCNQ-Acetonitrillösung, Temperatur und der daraus resultierenden Morphologie zeigen [37]. Die Untersuchungen ergaben, dass die Cu(TCNQ)-Schicht in zwei sehr leicht zu unterscheidende morphologische Phasen klassifiziert werden konnte. Zum einem, wurden nadelförmige Kristalle identifiziert, die der morphologischen Phase I zugeordnet wurden. Zum anderen große mosaikförmige Kristalle, die der Phase II zugeordnet wurden. Abb. 2.6 zeigt Rasterelektronmikroskopaufnahmen (REM) von Cu(TCNQ)-Kristallen der Phase I (a) und Phase II (b).

Abb. 2.5 zeigt eine Röntgendiffraktometeraufnahme, die eine langsame Umsetzung von nadelförmigen Cu(TCNQ)-Phase-I-Kristallen (Abb. 2.6a) zu mosaikförmigen Cu(TCNQ)-Phase-2-Kristallen (Abb. 2.6b) veranschaulicht. Es ist deutlich zu sehen, wie in Abb. 2.5b der Peak bei 11,7 °, der die Phase I beschreibt, bereits nach 6 h Reaktionszeit in TCNQ-

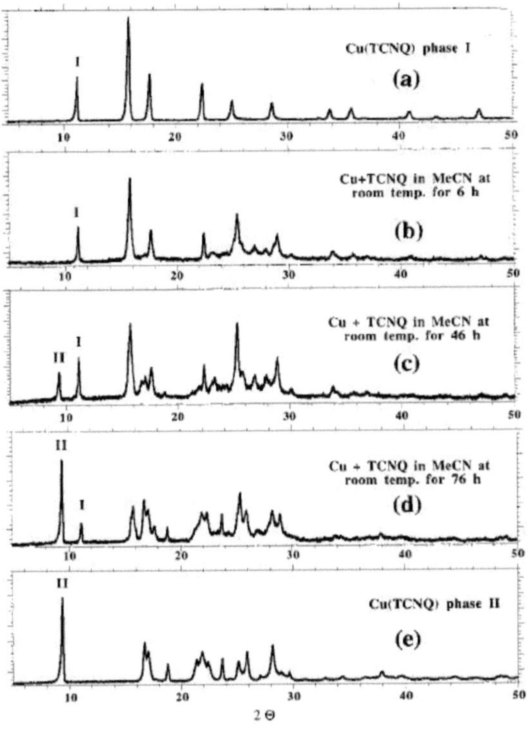

Abbildung 2.5: XRD-Aufnahmen einer Cu(TCNQ)-Schicht zu unterschiedlichen Eintauchdauerzeiten in einer TCNQ-Acetonitrillösung. Die Aufnahmen zeigen unterschiedliche Kristallisationsstadien nach 6 h (b), 46 h(c) und 72 h (d). Die Eintauchdauer bestimmt die morphologische Phasenzusammensetzung. Zusätzlich werden die Referenzaufnahmen der Phase I (a) und Phase II (e) dargestellt [37].

Acetonitrillösung zersetzt wird. Nach weiteren 40 h hat der Anteil an großen mosaikförmigen Kristallen zugenommen, der durch den Peak bei 9,7 ° gekennzeichnet ist, und der Peak der nadelförmigen Kristalle abgenommen, Abb. 2.5c. Etwa nach 76 h Reaktionszeit in TCNQ-Acetonitrillösung besteht Cu(TCNQ) fast ausschließlich aus Phase II, Abb. 2.5d. Heintz et al. berichteten, dass während der Umsetzung des Cu(TCNQ) von Phase I zu Phase II keine sichtbare Farbänderung beobachtet werden konnte, lediglich eine Schichtdickenänderung wurde festgestellt.

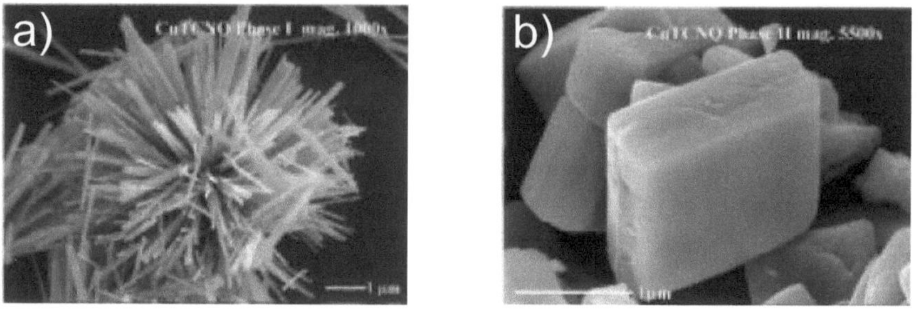

Abbildung 2.6: REM-Aufnahmen nasschemisch hergestellter Cu(TCNQ)-Kristalle der Phase I (a) und Phase II (b) [37].

Ein weiterer wichtiger Faktor für die morphologische Zusammensetzung einer Cu(TCNQ)-Schicht ist die Prozesstemperatur des Lösungsmittels [37]. Mit steigender Temperatur konnte ein beschleunigtes Cu(TCNQ)-Wachstum festgestellt werden. Gegenüber den bei Raumtemperatur durchgeführten Experimenten wurde die Prozesstemperatur der TCNQ-Acetonitrillösung bei den Untersuchungen auf etwa 80 °C erhöht [30]. Dabei wurde zu bestimmten Zeitpunkten eine Cu-Schicht aus der TCNQ-Acetonitrillösung herausgenommen und eine Röntgendiffraktometermessung durchgeführt. Abb. 2.7 zeigt eine Röntgendiffraktometeraufnahme einer Cu(TCNQ)-Schicht, die bei 80 °C in einer gesättigten Acetonitrillösung gebildet wurde. Nach etwa 1h enthält die Lösung fast ausschließlich Cu(TCNQ)-Kristalle der Phase II.
Es wird angenommen, dass der Unterschied in der Cu(TCNQ)-Morphologie in der Löslichkeit des Cu(TCNQ) Salzes in Acetonitril liegt [22]. Während Cu(TCNQ) auf der Cu-Oberfläche wächst, wird es gleichzeitig wieder in Acetonitril gelöst. Die Konzentration des gelösten Cu(TCNQ) wächst bis zu einem gewissen Sättigungspunkt an und wenn dieser überschritten wird, wird Cu(TCNQ) auf der Cu-Oberfläche oder auf den bereits vorhandenen Cu(TCNQ)-Kristallen wieder abgeschieden. Zu Beginn der Cu(TCNQ)-Bildung entsteht auf der Cu-Oberfläche ein dünner Film, auf dem nadelförmige Kristalle nahezu senkrecht zur Cu-Oberfläche wachsen [30]. Es wird angenommen, dass es sich bei dem dünnen Film um amorphes Cu(TCNQ) handelt. Die Kristalle, die auf dem amorphen Film wachsen, haben zu Beginn immer einen nadelförmigen Charakter. Die Umkristallisierung von nadel- zu mosaikförmigen Kristallen wird durch die Reaktionsdauer und die Temperatur des Lösungsmittels beeinflusst.

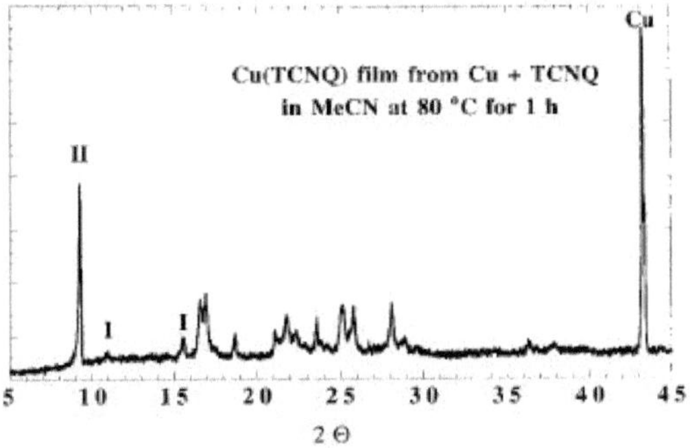

Abbildung 2.7: XRD-Aufnahme einer Cu(TCNQ)-Schicht aufgewachsen auf einem Cu-Substrat nach einer Eintauchdauer von 1 h in TCNQ-Acetonitril Lösung (80 °C) [37].

P. S. Prado hat das Verfahren von Potember et al. leicht abgeändert und eine andere Lösungsmittelzusammensetzung gewählt [23]. Ziel ihrer Untersuchungen war es, dünne (ca. 50–100 nm) und homogene Cu(TCNQ)-Schichten herzustellen, die ein bistabiles Verhalten aufweisen und auch gleichzeitig den Anforderungen in der Chiptechnologie genügen sollten. Bei den Untersuchungen wurde festgestellt, dass die Verwendung von Acetonitril als einziges Lösungsmittel innerhalb von wenigen Sekunden zur Bildung von inhomogenen und einigen μm-dicken Cu(TCNQ)-Schichten führt, die sich für die vorhergesehene Anwendung nicht eignen. Die unkontrollierte und schnelle Reaktion von Cu und TCNQ wurde durch die Zugabe eines zweiten Lösungsmittels verlangsamt. Die Mischung aus einem Keton und Acetonitril führte zu einer kontrollierbaren und deutlich langsameren Reakion. Bereits mit einem binären Lösungsmittel (5 mM TCNQ, 97 Vol.-% Diethylketon, 3 Vol.-% Acetonitril) konnten 100 nm dicke und homogene Cu(TCNQ)-Schichten hergestellt werden, die bistabiles Schaltverhalten aufwiesen und den zu Beginn geforderten Anforderungen weitgehend genügten. Abb. 2.8 zeigt REM-Aufnahmen, die die Änderungen der Oberflächenstruktur unter Verwendung unterschiedlicher Lösungsmittelzusammensetzungen verdeutlichen.

Durch den Zusatz von weiteren Additiven (Tenside oder e^--Donatoren) und Lösungsimitteln (Alkohole) wurde die Cu(TCNQ)-Schicht homogener, dichter und feinstrukturiert im Vergleich zu Cu(TCNQ)-Schichten, die in binären Lösungsmitteln hergestellt wurden. Besonders die Zugabe von 1-Hexanol konnte die gewünschten Anforderungen an Morphologie und bistabile elektrische Eigenschaften erfüllen.

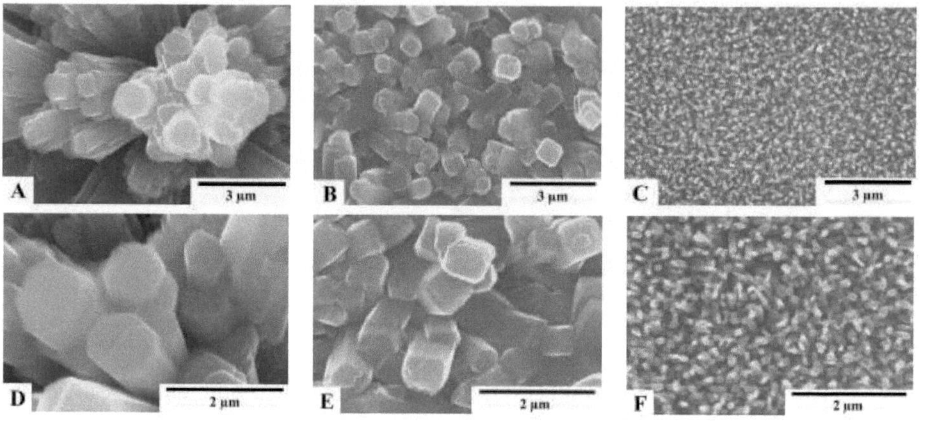

Abbildung 2.8: REM-Aufnahmen von CuTCNQ-Schichten, die mit unterschiedlichen Lösungsmittelzusammensetzungen hergestellt worden sind. Die Cu-Oberfläche wurde 2 min lang mit einer 8 mM TCNQ-Lösung jeweils in einer 10 Vol.-% / 90 Vol.-% (A, D), 50 Vol.-% / 50 Vol.-% (B, E) und 97 Vol.-% / 3 Vol.-% (C, F) - Diethylketon / Acetonitril-Mischung behandelt [23].

Sato et al. hat in seinen Untersuchungen eine kleine Änderung vorgenommen und statt einer gesättigten TCNQ-Acetonitrillösung eine gesättigte TCNQ-Aceton-Acetonitrillösung verwendet, bei der Aceton und Acetonitril in gleichen Volumenmengen vorlagen [38]. Die anschließenden Messungen mit einem Rasterelektronenmikroskop haben gezeigt, dass diese geringfügige Änderung sich direkt auf das Kristallwachstum auswirkt. Die in einem gemischten Lösungsmittel durch spontane Elektrolyse entstandenen Kristalle wiesen eine viel dichtere Packung auf, als die von Potember in einer reinen gesättigten TCNQ Acetonitrillösung [15].

Diese Untersuchungen haben gezeigt, dass das Lösungsmittel und die Eintauchdauer des Lösungsmittels einen erheblichen Einfluss auf die Cu(TCNQ)-Kristallstrukturbildung haben. Hipps et al. konnten einen Zusammenhang zwischen der Dauer der spontanten Elektrolyse und der Kristallstruktur nachweisen [30]. Die Untersuchungen haben gezeigt, wie sich Cu(TCNQ) mit zunächst nadelartiger Kristallstruktur mit steigender Eintauchdauer in eine mosaikartige mit großen Kristallen versetzte Morphologie, gewandelt hat.

Dieses Verhalten wurde ebenfalls von Liu et al. beschrieben [39]. Liu konnte zeigen, dass die Morphologie von Cu(TCNQ) durch den Einsatz von unterschiedlichen Lösungsmitteln stark abweichen kann. Diese durch unterschiedliche Gruppen ermittelten Ergebnisse zeigen, dass Cu(TCNQ) unterschiedliche morphologische Kristallphasen einnehmen kann.

2.2.2 TCNQ-Reduktion mit Metalliodiden

TCNQ kann eine einfache Ein-Elektron-Reduktion eingehen, wenn es mit Metalliodiden oder auch anderen Metallen reagiert [22]. Bei der Iodid-Reaktion oxidiert das TCNQ das Iodion zu freiem Iod, nimmt selbst ein Elektron auf und bildet $TCNQ^-$. Bei einer Redox-Reaktion mit ungebundenen Metallen, wie im Fall von Kupfer, wird das $Cu^+(TCNQ^-)$-Salz gebildet. Gleichungen 2.2 und 2.3 veranschaulichen die Redox Reaktionen.

$$CuI + TCNQ \longrightarrow Cu^+ + TCNQ^- + \frac{1}{2}I_2 \tag{2.2}$$

$$Cu^0 + TCNQ \longrightarrow Cu^+TCNQ^- \tag{2.3}$$

Das Cu(TCNQ)-Salz kann ganz einfach hergestellt werden, wenn das Metalliodid zusammen mit TCNQ in heissem Acetonitril oder Aceton gemischt wird. Bei dieser Reaktion entstehen Cu(TCNQ) Kristalle und die Nebenprodukte verbleiben in der Lösung. In der Praxis wird ein erhöhter Anteil an Metalliodiden verwendet, um eine Nebenreaktion von I_2 zu verhindern. Der erhöhte Anteil an CuI trägt zur Bildung von I_3^- bei.

Das in dieser Arbeit verwendete Cu(TCNQ) Salz auf Basis von CuI wurde wie folgt hergestellt. In eine heisse TCNQ-Acetonitrillösung (100 ml) wurde CuI (1 g, 5,3 mMol) beigefügt. Diese Lösung wurde einige Minuten lang gerührt. Bei dieser Reaktion färbt sich die Lösung dunkelbraun und schwarzblaue Cu(TCNQ)-Kristalle fallen aus der Lösung aus. Durch mehrfache Filtration wurde die braune Lösung von den Cu(TCNQ)-Kristallen getrennt. Abb. 2.9 zeigt typische Cu(TCNQ)-Phase-I-Kristalle in einer lichtmikroskopischen Aufnahme, die mit dem Iodidverfahren hergestellt worden sind. Anschließend wurden die Cu(TCNQ)-Kristalle mit einem Röntgendiffraktometer vermessen (Abb. 2.10).

Die Röntgendiffraktometeraufnahme zeigt bei etwa 37 ° das Maximum. Dieses Maximum wird dem Borofloat-Glassubstrat zugeordnet, das bei der Röntgendiffraktometermessung als Unterlage für die Cu(TCNQ)-Kristalle verwendet worden ist. Bei etwa 43 ° kann den Cu-Atomen ein lokales Maximum den zugeordnet werden. Leider konnte während der mehrmals durchgeführten Messreihe die Kristallphasen I und II nicht nachgewiesen werden. Im Allgemeinen gilt, dass das bei einer Reaktion von TCNQ und Kupferiodid hergestellte

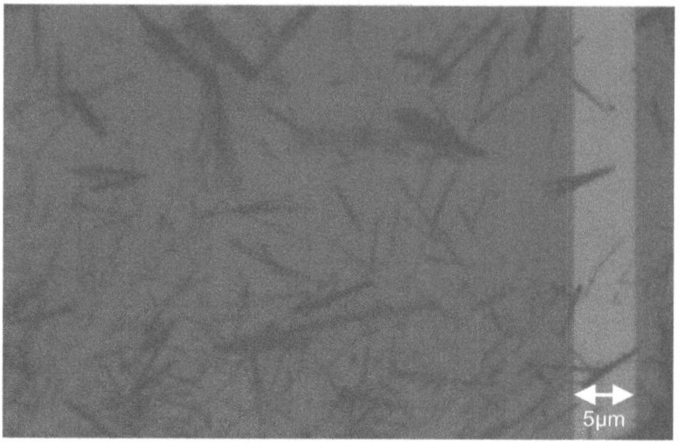

Abbildung 2.9: Cu(TCNQ)-Kristallstäbchen hergestellt aus Iodidlösung.

Cu(TCNQ) die gleichen spektroskopischen Eigenschaften aufweist wie Cu(TCNQ)-Kristalle, die auf einer Kupferoberfläche in einer TCNQ-Acetonitrillösung bei kurzer Eintauchzeit gebildet worden sind [40].

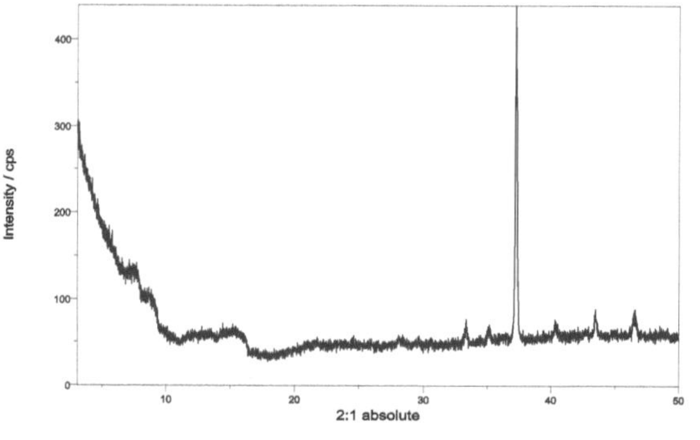

Abbildung 2.10: XRD-Aufnahme von Cu(TCNQ)-Kristallstäbchen aus einer Iodidlösung.

Heintz et al. hatte in seinen Untersuchungen die Umsetzung von Cu(TCNQ)-Phase-I-Kristallen zu Phase-II-Kristallen beobachtet. Die mit dem Iodid-Verfahren hergestellten Cu(TCNQ)-Phase-I-Kristalle wurde einige Tage lang bei Zimmertemperatur in Acetonitril gerührt. Die bis dahin als stabil geltende Kristallstruktur der Phase I wurde in einigen Tagen im Acetonitril zu Kristallphase II umgesetzt. Die zuvor durchgeführten Untersuchungen zur

Stabilität von Phase-I-Kristallen (u. a. wochenlange Aussetzung der Luft- und Lichtumgebung und tagelanges Ausheizen (150 °C)) konnten keine Veränderung hervorrufen, die mit einem Röntgendiffraktometer oder IR-Spektrometer zu beobachten waren.
Weitere Untersuchungen zeigen, dass Acetonitril zu einer Zersetzung von Cu(TCNQ) Kristallen der Phase I führt. Diese Cu(TCNQ)Kristalle zerfallen in ihre Bestandteile wie z. B. Cu(I) und $TCNQ^-$ und können wieder rekristallisieren und eine neue Cu(TCNQ)-Morphologie bilden [30, 39, 41]. Das rekristallisierte Cu(TCNQ)-Phase-II-Kristall ist gegenüber weiteren thermischen Einflüssen oder Lösungsmitteln stabil.

Morphologie von Cu(TCNQ) der Phase I und Phase II

In Phase I sind die Cu-Atome einer Cu(TCNQ)-Struktur von 4 Stickstoffatomen umgeben. Die Stickstoffatome bilden in dieser Morphologie die Form eines Tetraeders.Die Chinonringe bilden Stapel mit einem Abstand von 3,24 Å zu einander, welcher kleiner ist als der van-der-Waal-Abstand (3,4 Å) von C-Atomen zueinander. Die benachbarten TCNQ-Molekülstapel sind um 90 ° gegeneinander verdreht und zeigen damit eine typische Charakteristik der Metall/TCNQ Salze [37].
Die Cu(TCNQ)-Kristalle der Phase II bilden in ihrer Struktur gegenüber Phase I zwei koplanare Netzwerke. Jeweils zwei Moleküle in einer Ebene stehen senkrecht zu weiteren zwei TCNQ-Molekülen, die ebenfalls in einer Ebene liegen. Die TCNQ-Liganden innerhalb eines Netzwerks sind parallel zueinander angeordnet und der kürzeste Abstand zwischen zwei benachbarten TCNQ-Molekülen beträgt ca. 6,8 Å. Beide Cu(TCNQ) Phasen zeigen ein ähnliches Muster, das sich in den Strukturen wiederholt. Vier TCNQ-Moleküle sind mit ihren Nitrilgruppen an ein Cu-Ion koordiniert. Doch beide Phasen unterscheiden sich in zwei wesentlichen Punkten, die zu unterschiedlichen räumlichen Anordnungen von TCNQ Molekülen führen. Beim ersten wesentlichen Unterschied handelt es sich um die Anordnung der TCNQ-Moleküle um das Cu-Ion. In Phase I sind alle benachbarten TCNQ-Moleküle, so wie in allen anderen 1:1 Metall/TCNQ-Strukturen, in einem Winkel von 90 ° zueinander angeordnet sind. Phase II hingegen zeigt einen anderen Strukturtyp, in dem koplanare TCNQ-Molekülstapel in zwei senkrechten Ebenen kristallisieren (Abb. 2.11).
Der zweite wesentliche Unterschied zwischen beiden Phasen ist die Art und Weise, wie die Chinonringe untereinander angeordnet sind. In Phase I sind die TCNQ-Moleküle so angeordnet, dass der Abstand zum benachbarten TCNQ-Molekül 3,24 Å beträgt und ein vollständiger Überlapp der π-Orbitale möglich wird. Eine völlig andere räumliche Situation wird bei Kristallen der Phase II beobachtet. Phase II besteht aus zwei unabhängigen senkrecht zueinander gerichteten TCNQ-Netzwerken, die versetzte TCNQ-Molekülringe enthalten und somit die

Durchdringung der TCNQ-Moleküle mit ihren π-Orbitalen verhindert bzw. erschwert, siehe Abb. 2.11b. Der kürzeste Abstand zwischen zwei benachbarten TCNQ-Molekülen beträgt in Phase II 6,8 $\AA$.

Die elektrischen Leitfähigkeiten dieser beiden Phasen unterscheiden sich sehr stark voneinander. Die elektrische Leitfähigkeit von gepressten Pellets aus Cu(TCNQ)-Kristallen der Phase I liegt bei Raumtemperatur bei etwa $2{,}5 \times 10^{-1}$ Scm^{-1}, während die Phase II mit etwa $1{,}3 \times 10^{-5}$ Scm^{-1} nahezu isolierend wirkt.

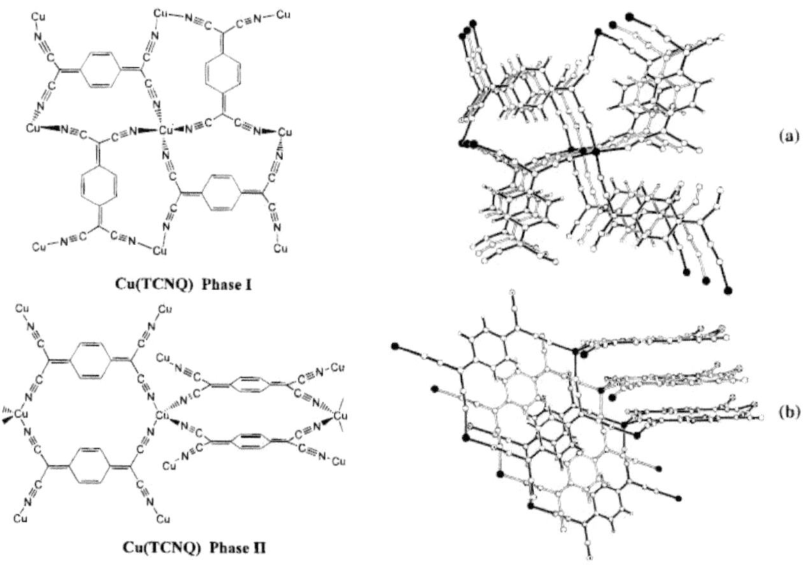

Abbildung 2.11: Schematische Gegenüberstellung der Cu(TCNQ)-Phasen I (a)und II (b) [37]

2.2.3 Trockenchemische Verfahren zur Herstellung von Cu(TCNQ)

Neben den in vorherigen Abschnitten dargestellten nasschemischen Verfahren zur Herstellung von Cu(TCNQ) kann auch auf trockenchemische Verfahren zurückgegriffen werden. Zu diesen trockenen Verfahren zählen das thermische Verdampfen von TCNQ [42], die thermische Deposition von alternierenden Cu und TCNQ-Schichten [29, 31, 42], eine gleichzeitige thermische Co-Deposition von Cu und TCNQ aus separaten Quellen [43, 44] und die Abscheidung von TCNQ aus einer Gasphase auf eine dünne Cu-Schicht [45]. Eine direkte Deposition einer organometallischen Schicht konnte bis jetzt keine brauchbaren Ergebnisse liefern, da aufgrund des thermischen Eintrags eine Dekomposition der Cu(TCNQ)-Verbindung stattfindet.

TCNQ-Abscheidung aus Gasphase

Bei dem Verfahren der TCNQ-Abscheidung aus einer Gasphase entstehen auf einer Cu oder Ag-Substratoberfläche Cu(TCNQ)- bzw. Ag(TCNQ)-Nanodrähte [46, 47]. Bei einem von Ye Chun-Nuan et al. entwickelten Verfahren wurde auf einen Silizium-Wafer mit (111)-Orientierung bei niedrigen Temperaturen (100 °C) zunächst eine dünne Ag-Schicht aufgedampft [47]. Im nächsten Schritt wurde das Substrat zusammen mit TCNQ-Pulver in ein Glasröhrchen eingeführt. Das Röhrchen wurde bei einem Umgebungsdruck von 2×10^{-3} Pa verschlossen und in einem Ofen erhitzt. Mit einem einstellbaren Temperaturprofil wurden unter diesen Bedingungen Nanodrähte hergestellt.

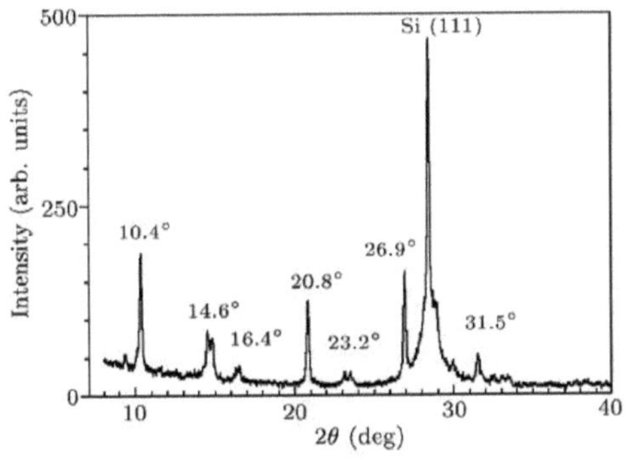

Abbildung 2.12: XRD-Aufnahme einer Ag(TCNQ)-Phase-I-Nanodrahtstruktur. Alle Maxima, mit Ausnahme des Si-Peaks, werden der kristallinen Phase-I-Struktur zugeordnet [47].

Mit Röntgendiffraktometer- und Ramanspektroskopieaufnahmen wurde die kristalline Struktur überprüft. Abb. 2.12 zeigt eine XRD-Aufnahme einer Ag(TCNQ)-Nanodrahtstruktur. Die Aufnahme zeigt Maxima, die eindeutig Ag(TCNQ)-Phase-I zugeordnet werden können. Keines der Maxima kann Ag oder TCNQ zugewiesen werden, so dass

davon ausgegangen werden kann, dass es sich ausschließlich um eine kristalline Ag(TCNQ)-Nanodrahtschicht handelt.
Die Experimente haben gezeigt, dass sehr gute Ergebnisse erzielt werden können, wenn die Ag-Schichtdicke nicht größer als 200 nm ist und die Ausheiztemperatur 55 °C nicht unterschreitet. Unterhalb der 55 °C und auch oberhalb von 200 nm Ag konnte keine Kristallisation von Nanodrähten beobachtet werden.

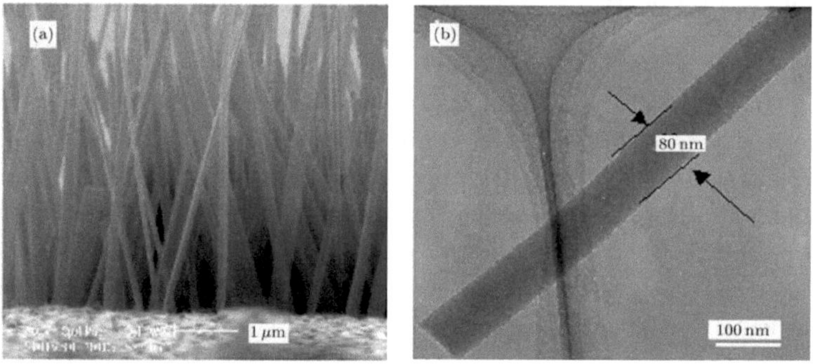

Abbildung 2.13: REM-Aufnahmen einer Ag(TCNQ)-Nanodrahtschicht (a), die aus einer Ag-Schicht (20 nm) synthetisiert wurde (b). Eine TEM-Aufnahme eines Ag(TCNQ)-Nanodrahts mit einem Durchmesser von 80 nm [47].

Abb. 2.13a zeigt ein Beispiel für eine Nanodraht-Schicht, die aus einer Ag-Schicht mit einer Dicke von 20 nm bei Prozesstemperatur von 120 °C hergestellt wurde. Die Nanodrähte stehen nahezu senkrecht auf der Substratoberfläche und weisen einen Durchmesser von 50–300 nm und eine Länge bis 50 μm auf. Die Durchmesser der Ag(TCNQ)-Nanodrähte wurden mit einem Transmissionselektronenmikroskop (TEM) bestimmt. Abb. 2.13 zeigt eine TEM-Aufnahme von einem Ag(TCNQ)-Nanodraht mit einem Durchmesser von 80 nm.
Der folgende Zusammenhang beschreibt die Reaktion, die zur Bildung von Ag(TCNQ)-Nanodrähten führt:

$$Ag^0(liquid) + TCNQ^0(vapor) \rightarrow Ag(TCNQ)(solid) \tag{2.4}$$

Es ist bekannt, dass Metallfilme mit einer Schichtdicke im nm-Bereich einen niedrigeren Schmelzpunkt haben und aufgrund des Temperatureintrags und des daraus resultierenden Oberflächen- und Druckspannungen auseinanderreissen. Das Aufreissen dünner Ag-Schichten und das anschließende Rekristallisieren beim Abkühlvorgang konnte mit SEM-Aufnahmen beobachtet werden. Bei der Synthese der Ag(TCNQ)-Nanodrahtstrukturen wurden keine Katalysatoren verwendet.

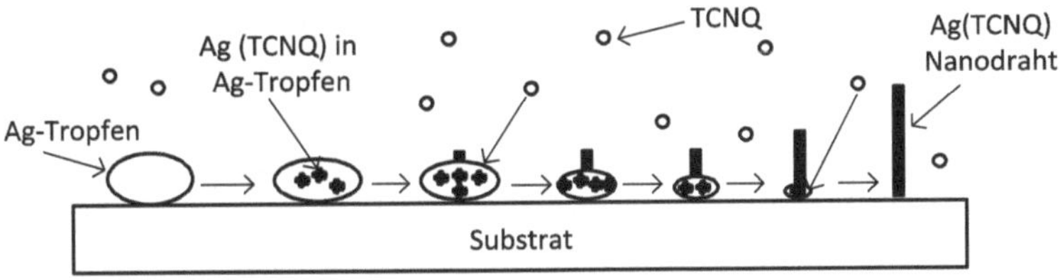

Abbildung 2.14: Schematische Darstellung des Wachstumsprozesses eines Ag(TCNQ)-Nanodrahtes [47].

In Abb. 2.14 wird der Wachstumsprozess der Ag(TCNQ)-Nanodrähte dargestellt. Die TCNQ-Moleküle reagieren mit Ag-Tropfen und bilden so Ag(TCNQ)-Moleküle in dem flüssigen Ag-Tropfen. Mit steigender Reaktionsdauer nimmt der Anteil der ungebundenen Ag-Atome ab und der Ag-Tropfen wandelt sich langsam in eine Ag(TCNQ) Vertikalstruktur. Die Ag(TCNQ)-Moleküle orientieren sich so, dass sie senkrecht zum Substrat Ag(TCNQ)-Stapel bilden. Da die Temperatur des Substrats höher ist als die obere Seite des Ag-Tropfens, wird vermutet, dass dieser Temperaturgradient die treibende Kraft des gerichteten Stapelwachstums ist. Sind die Reaktionsedukte aufgebraucht, so endet die Reaktion.

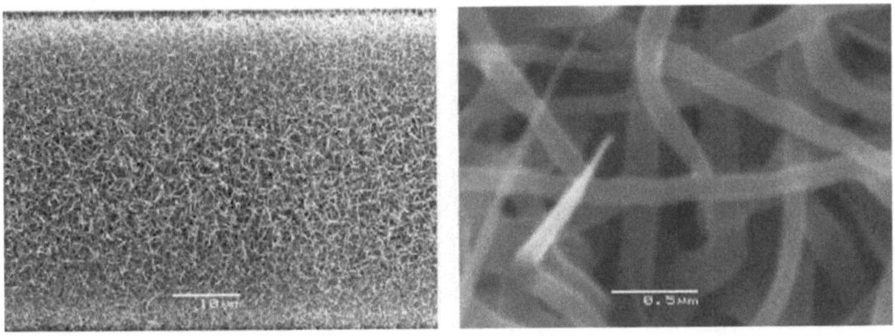

Abbildung 2.15: REM Aufnahmen einer Cu(TCNQ)-Schicht hervorgegangen aus einer Reaktion von TCNQ in Gasphase auf einem 50 μm breitem Cu-Streifen. (Die Vergrößerung im linken Bild beträgt 2000 und im rechten 50000 [28].)

Unter der Verwendung des oben vorgestellten Verfahrens haben Wan et al. und Müller et al. Cu(TCNQ)- und Ag(TCNQ)-Schichten für resistive Datenspeicher hergestellt [28, 48].

Müller et al. hat in seinen Untersuchungen auf einem Cu-Substrat eine Cu(TCNQ)-Nanodrahtschicht aus der Gasphase abgeschieden und diese mit einem Al-Kontakt abgeschlossen. Die Cu/Cu(TCNQ)/Al-Bauelemente zeigten ein resistives bistabiles Schaltverhalten. Abb. 2.15 zeigt eine REM-Aufnahme einer Cu(TCNQ)-Nanodrahtschicht auf einem Cu-Substrat. Die Cu(TCNQ)-Nanonadeln stehen im Vergleich zu einem Ag(TCNQ)-Nanodrahtfilm, die auf einem Silizium Wafer (111) aufgewachsen sind, im hohen Maß ungeordnet und verdreht. Die Cu(TCNQ)-Nanodrähte sind einige Mikrometer lang und der typische Durchmesser beträgt etwa 150–200 nm. Zum Ende eines Cu(TCNQ)-Nanodrahts hin nimmt der Durchmesser auf etwa 40 nm ab.

Thermisches Aufdampfen

Ein weiteres trockenes Verfahren zur Herstellung von Cu(TCNQ)-Schichten ist das Aufdampfen von TCNQ auf eine Cu-Schicht. Zum einen kann auf eine einzelne Cu-Schicht eine TCNQ-Schicht aufgedampft werden und diese dann anschließend ausgeheizt werden. Zum anderen kann das Aufdampfen sukzessiv stattfinden, d. h. Cu- und TCNQ-Schichten werden abwechselnd aufgetragen.

E. I. Kamitsos et al. haben in ihren Untersuchungen die Bildung eines Cu(TCNQ)-Films ausgehend von 2 Schichten vorgestellt [50]. Auf ein Substrat wurde zunächst eine Cu-Schicht

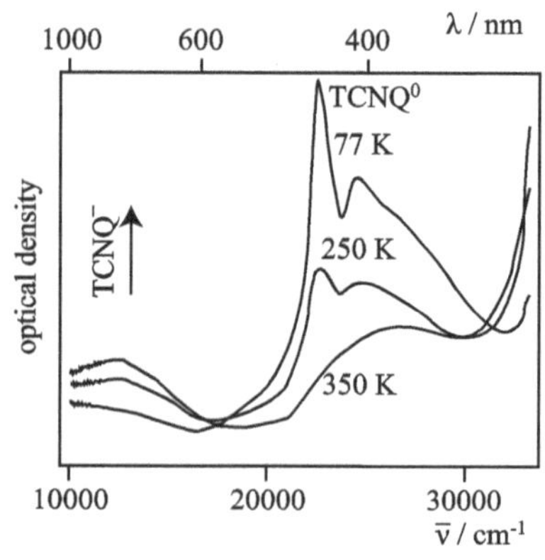

Abbildung 2.16: Absorptionsspektrumveränderungen während der Bildung eines Cu(TCNQ)-Films. Der mehrschichtige Film (Gesamtschichtdicke TCNQ/Cu/TCNQ 50 nm) wurde bei 77 K auf ein Glassubstrat aufgedampft und anschließend ausgeheizt [49].

aufgedampft und darauf eine weitere TCNQ-Schicht. Anschließend wurden diese Schichten mit Hilfe der Ramanspektroskopie auf Änderung der Oxidationszustände von TCNQ geprüft. Die Ramanspektroskopie konnte keine sofortige Reaktion von Cu und TCNQ, d.h. die Bildung von $TCNQ^-$, feststellen. Um zu prüfen, ob mit einer Reaktion in einer normalen Luftumgebung bei 25 °C zu rechnen ist, wurde das Substrat mit den beiden Schichten zwei Wochen lang bei diesen Bedingungen gelagert und anschließend vermessen. Die Ergebnisse dieser Untersuchungen zeigten, dass kein Nachweis für eine Reaktion von Cu und TCNQ mit der Ramanspektroskopie erbracht werden konnte. Eine Veränderung der Oxidationszustände konnte erst beobachtet werden, nachdem die Schichten 1 h lang bei 120 °C ausgeheizt wurden. Das Ramanspektrum zeigte nach diesem Ausheizprozess keine $TCNQ^0$-Moleküle mehr sondern das charakteristische Spektrum für Cu^+TCNQ^-.

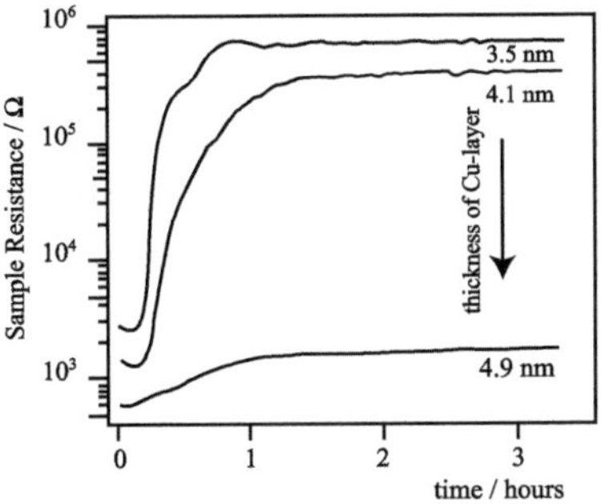

Abbildung 2.17: Die Variation der Cu-Mittelschicht und die anschließende Reaktion von TCNQ und Cu führt zu sehr starken Widerstandsänderungen (Gesamtschichtdicke TCNQ/Cu/TCNQ 50 nm) [49].

Der Einfluss der Temperatur auf die Bildung von Cu(TCNQ) ausgehend von einem TCNQ/Cu/TCNQ-Stapel wurde von Wachtel et al. untersucht [49]. Der sukzessive aufgetragene TCNQ/Cu/TCNQ-Film wurde auf ein Glassubstrat abgeschieden, das auf 77 K abgekühlt worden war. Anschließend wurde die Substrattemperatur erhöht und gleichzeitig das Absorptionsspektrum aufgezeichnet. Die Temperaturerhöhung bewirkte, wie erwartet die Reaktion zwischen Cu und TCNQ und damit die Bildung des Cu(TCNQ)-Salzes. Abb. 2.16 zeigt die Absorptionsspektren in Abhängigkeit von der Substrattemperatur.

Wie dem Graphen aus der Abb. 2.16 zu entnehmen ist, nimmt die Absorption der mehrschichtigen TCNQ/Cu/TCNQ-Struktur (Gesamtschichtdicke 50 nm) bei 800 nm mit

steigender Temperatur ab. Das Band bei 800 nm kann den $TCNQ^-$-Molekülen zugeordnet werden. Während die Absorption durch die $TCNQ^0$ Moleküle abnimmt, steigt die Absorption der $TCNQ^-$-Anionen. Das bei der Reaktion gebildete Salz hat einen halbleitenden Charakter und die elektrische Leitfähigkeit beträgt 0,5-2 Scm^{-1}.
Des Weiteren wurde die Leitfähigkeit der TCNQ/Cu/TCNQ-Struktur in Abhängigkeit der Schichtdicke der mittleren Cu-Schicht während der temperaturinitiierten Bildung von Cu(TCNQ) betrachtet. Die mittlere Cu-Schicht wirkte sich entscheidend auf den elektrischen Widerstand der Cu(TCNQ)-Schicht aus, siehe Abb. 2.17. Bereits kleinste Schichtdickenänderungen von Cu (0,5–1 nm) bewirken eine sehr starke Verminderung des elektrischen Widerstandes. Die Perkolationstheorie beschreibt diesen Effekt, in dem überschüssiges Cu zusammenhängende Gebiete bildet und somit den Widerstand stark absenkt.

Rasterkraftmikroskopuntersuchungen von Cu(TCNQ)

Um ein tieferes Verständnis von den morphologischen Verhältnissen auf einer TCNQ- oder Cu(TCNQ)-Schicht zu bekommen, wurden mit Hilfe eines Rasterkraftmikroskops die aufgedampften Schichten unter verschiedenen Bedingungen untersucht.

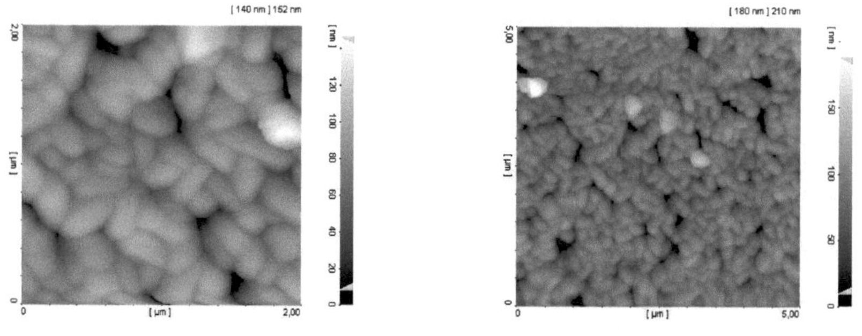

Abbildung 2.18: AFM-Aufnahme einer thermisch aufgedampften TCNQ-Schicht (100 nm) auf einem Glassubstrat.

Im ersten Schritt wurde ein TCNQ-Schicht mit einer Dicke von 100 nm mit thermischem Verdampfen auf ein Glassubstrat abgeschieden bei einer Abscheidungsrate von ca. 1Å/s. Abb. 2.18 zeigt eine polykristalline TCNQ-Struktur.
Im nächsten Schritt wurde der morphologische Einfluss einer Cu-Schicht auf die darüberliegende TCNQ-Schicht untersucht. Dazu wurde eine 100 nm TCNQ-Schicht auf eine Cu-

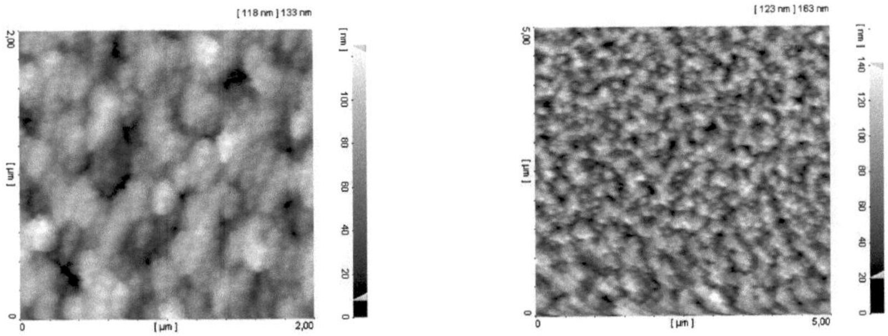

Abbildung 2.19: AFM-Aufnahme einer TCNQ-Schicht (100 nm) auf einer Cu-Schicht (100 nm).

Schicht durch thermisches Verdampfen aufgetragen. Wie Abb. 2.19 zu entnehmen ist, bilden die TCNQ-Kristalle die darunterliegende Cu-Struktur mit ab.

Bei einer 10 minütigen Ausheizung bei 120 °C in einer Luftumgebung unterzieht sich die Oberflächenstruktur einer Veränderung (Abb. 2.20). Unter der Temperaturerhöhung führt die Festkörperdiffusion zu einer Reaktion von Cu und TCNQ aus der eine Cu(TCNQ)-Schicht hervorgeht. Die Kristallisation führt zu großen Cu(TCNQ)-Kristalliten mit großen Freiräumen dazwischen. Gleichzeitig weist die Cu(TCNQ)-Schicht eine höhere Rauigkeit gegenüber thermisch unbehandelten TCNQ-Schichten auf. Das Profil dieser Cu(TCNQ)-Schicht hat einen Höhenunterschied von ca. 350 nm und hat damit höhere Profilunterschiede als eine TCNQ-Schicht auf Glas oder Cu (beide ca. 120–150 nm).

Die ursprünglich aufgedampfte TCNQ-Schicht von 100 nm hatte zusammen mit der Cu-Schicht unter dem Temperatureintrag eine neue Kristallstruktur gebildet, die eine Schichtdicke von mindestens 350 nm aufwies.

Da bezüglich der Profiltief eine erhebliche morphologische Veränderung stattgefunden hat, wird angenommen, dass durch die Festkörperdiffusion es zu einer Reaktion von Cu und TCNQ gekommen ist. Die Reaktion von Cu und TCNQ führt zu einer Umsetztung der zuvor aufgedampften Cu- und TCNQ-Kristallstrukturen zu einer neuen Cu(TCNQ)-Kristallstruktur, die in veränderten Profiltiefen resultiert.

Um die Kristallisation möglichst nah an der Grenzfläche zwischen Cu und TCNQ erfassen zu können, wurde statt einer 100 nm dicken TCNQ-Schicht eine 10 nm dünne TCNQ-Schicht auf eine Cu-Schicht aufgedampft. Diese sollte anschließend bei 120 °C in Luftumgebung und für 10 min ausgeheizt werden. Abb. 2.21 zeigt zunächst die thermisch unbehandelte TCNQ-Schicht (10 nm) auf einer Cu-Schicht. Wie aus der Abbildung zu entnehmen ist, beträgt der Höhenunterschied dieses Profils etwa 20 nm.

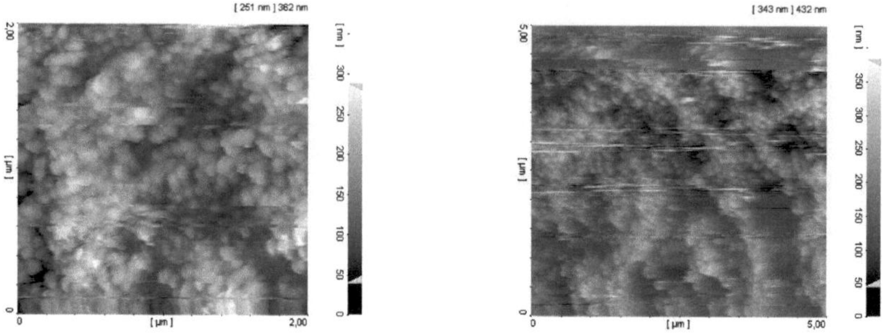

Abbildung 2.20: AFM-Aufnahmen einer Cu(TCNQ)-Struktur, die durch das Ausheizen (120 °C, 10 min., Luftumgebung) einer TCNQ-Schicht (100 nm) auf einer Cu-Schicht (100 nm) gebildet wurde.

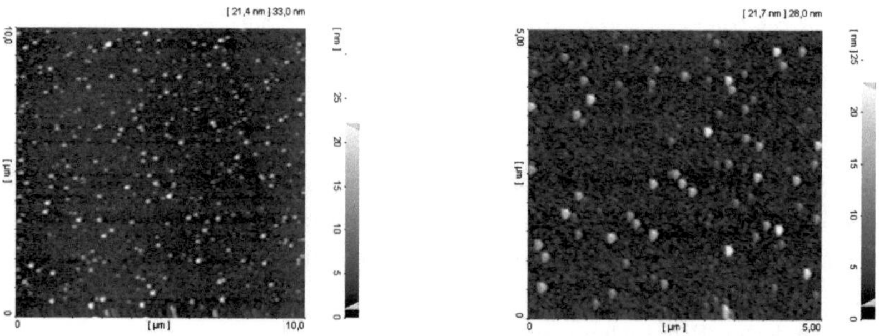

Abbildung 2.21: AFM-Aufnahme einer TCNQ-Schicht (10 nm) auf einer Cu-Schicht aufgedampft (ohne thermische Behandlung).

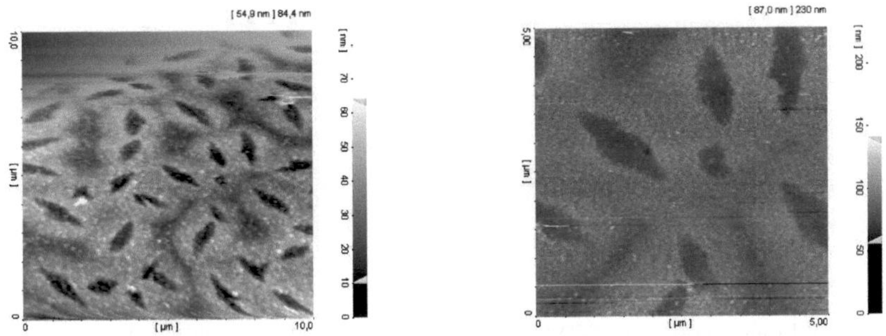

Abbildung 2.22: AFM-Aufnahmen einer Cu(TCNQ)-Schicht, die durch das Ausheizen (120 °C, 10 min.) einer TCNQ-Schicht (10 nm) auf einer Cu-Schicht 100 nm) gebildet wurde.

Während des Ausheizvorgangs bilden sich auf der Cu-Oberfläche große Kristallite mit großen Freiräumen dazwischen, siehe Abb. 2.22. Die Kristallstruktur ist von elliptischen Löchern geprägt, die der Kristallstruktur einen vulkanartigen Charakter verleihen. Es konnte nicht endgültig geklärt werden, ob es sich bei diesen elliptischen Löchern um Verunreinigungen oder Risse handelt, die beim Wachstum der Cu(TCNQ)-Kristallite entstanden sind. Die im Anschluss durchgeführte Profilmessung der Cu(TCNQ)-Schicht zeigte einen Höhenunterschied von 70 bis 120 nm.

Weitere Untersuchungen zur kristallinen Oberflächenbeschaffenheit werden in Abb. 2.23 gezeigt. Auf eine Cu-Schicht wurden unterschiedliche Schichtdicken von TCNQ thermisch aufgedampft, bei 120 °C ausgeheizt (10 min) und anschließend mit einem AFM untersucht. Die Abb. 2.23 zeigt Cu(TCNQ)-Schichten, die aus 20 nm-, 80 nm- und 100 nm-dicken TCNQ-Schichten auf einer Cu-Schicht durch die Temperaturerhöhung und damit beschleunigte Festkörperdiffusion und Reaktion, hervorgegangen sind. Wie aus den Abbildungen zu entnehmen ist, wachsen mit steigender TCNQ-Schichtdicke zwar die Freiräume zwischen den einzelnen TCNQ-Kristalliten zu, doch werden diese nicht vollständig geschlossen. Es kann davon ausgegangen werden, dass die Cu(TCNQ)-Schicht nicht komplett geschlossen ist. Diese Morphologie führt zu starken lokalen Unterschieden, die sich ebenfalls stark z.B. in der elektrischen Leitfähigkeit wiederspiegeln können.

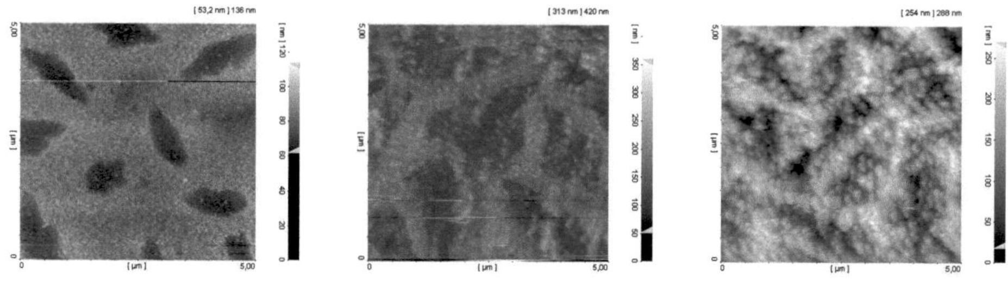

Abbildung 2.23: AFM-Aufnahmen von Cu(TCNQ)-Filmen, die mit unterschiedlichen TCNQ-Schichtdicken bei 120 °C synthetisiert worden sind. (von links nach rechts: 20 nm, 80 nm, 100 nm)

2.3 Zusammenfassung

In diesem Kapitel wurden einige Verfahren vorgestellt, um Cu(TCNQ)-Schichten herzustellen. Je nachdem welches Herstellungsverfahren angewendet wird, ergeben sich unterschiedliche morphologische und physikalische Eigenschaften.

Bei der spontanen Elektrolyse handelt es sich um eine Reaktion, bei der die Schicht sehr schnell aufwächst. Gleichzeitig lässt sich das Wachstum schlecht kontrollieren und es entstehen Schichten mit sehr rauhen Oberflächen (Höhenunterschied des Cu(TCNQ)-Schichtprofils ca. 1μm).

P. S. Prado hat in ihren Untersuchungen das Verfahren der spontanen Elektrolyse von Potember modifiziert und ist in der Lage, kontrolliert Cu(TCNQ)-Schichten herzustellen. Die Zusammensetzung des Lösungsmittels, in dem die spontane Elektrolyse stattfindet, wurde geändert. In dem Lösungsgemisch aus Diethylketon, 1-Hexanol und Acetonitril wurde die Reaktion zwischen TCNQ und Cu in erster Linie verlangsamt. Gleichzeitig können mit diesem tertiären Lösungsmittelgemisch Cu(TCNQ)-Schichten hergestellt werden, die sehr kompakt und homogen sind und Schichtdicken von nur 100 nm aufweisen können.

Neben nasschemischen Verfahren zur Herstellung von Cu(TCNQ)-Schichten wurden in diesem Kapitel auch die trockenchemische Verfahren vorgestellt. Das direkte thermischen Verdampfen von Cu(TCNQ) eignet sich nicht für die Herstellung von Cu(TCNQ)-Filmen, da der thermische Eintrag zu einer Dekomposition der Cu(TCNQ)-Verbindung führt.

Die sukzessive Deposition von TCNQ- und Cu-Schichten mit anschließender Ausheizung resultiert in einer Cu(TCNQ)-Schicht. Bei diesem Verfahren werden dünne Cu-Schichten (ca. 2–5 nm) zwischen TCNQ-Schichten (20–30 nm) abwechselnd aufgetragen. Durch den thermischen Eintrag des Ausheizens bei etwa 120 °C wird die Festkörperdiffusion und die Reaktion zwischen Cu und TCNQ ermöglicht bzw. beschleunigt. Die beschleunigte Festkörpdiffusion führt zu einer Reaktion von TCNQ und Cu aus der Cu(TCNQ) hervorgeht. Die mit diesem Verfahren hergestellten Cu(TCNQ)-Schichten bestehen aus großen Kristalliten in der Größenordnung von 0,2–1 μm in der Länge. Die Cu(TCNQ)-Schicht weist keine geschlossene Oberflächenstruktur auf.

Ein weiteres trockenes Verfahren zur Herstellung von Cu(TCNQ)-Schichten wurde von R. Müller et al. vorgestellt. Die Cu(TCNQ)-Schicht wird aus einer dünnen Cu-Schicht und TCNQ aus der Gasphase gebildet. Bei dieser Cu(TCNQ)-Schicht handelt es sich um eine Cu(TCNQ)-Nanodrahtschicht, mit einer Dicke von einigen μm. Die Cu(TCNQ)-Nanodrähte haben einen Durchmesser von etwa 150–200 nm.

3 Elektrisches Verhalten von Cu(TCNQ)-Schaltelementen

Im vorherigen Kapitel wurden unterschiedliche Verfahren vorgestellt, mit denen Cu(TCNQ)-Schichten hergestellt werden können. Die in diesem Kapitel untersuchten Schaltelemente enthalten Cu(TCNQ)-Schichten, die mit dem Verfahren der spontanen Elektrolyse hergestellt wurden [15]. Unter anderem wurden diese Cu(TCNQ)-Schaltelemente geringfügig in ihren geometrischen Abmessungen verändert oder unterschiedlichen Gasmedien ausgesetzt, um damit den Einfluss auf die Bistabilität zu prüfen. So wird gezeigt, dass die geometrische Variation der Metallkontaktfläche, die das Cu/Cu(TCNQ)-Bauelement abschließt, einen erheblichen Einfluss auf die Bistabilität hat und welche Auswirkungen eine Oxidzwischenschicht zwischen Cu(TCNQ) und Abschlusselektrode bewirkt. Desweiteren wird das Schaltverhalten in unterschiedlichen Gasumgebungen charakterisiert. Im Zusammenhang mit der Fragestellung nach der Lokalisierung des Schalteffekts wird ein planares Bauelement vorgestellt. Mithilfe dieser planaren Bauelemente wurden Ergebnisse erarbeitet, die auf einen Grenzflächeneffekt hinweisen.

Es wurde bereits in vorherigen Kapiteln darauf hingewiesen, dass organische Materialien nicht nur ein leitendes oder halbleitendes, sondern auch ein bistabiles Verhalten zeigen können. Das bistabile Verhalten wurde neben Cu(TCNQ) auch in Polymeren, niedermolekularen organischen Verbindungen und nanoteilchenbasierenden Materialien beobachtet [51–62].

Abb. 3.1 zeigt die I/U-Kennlinie mit einem typischen bistabilen Verhalten eines Cu(TCNQ)-basierenden Schaltelements. Dabei handelt es sich um eine gestapelte Cu/Cu(TCNQ)/Al-Schichtstruktur. Dieses Bauelement kann zwischen zwei stabilen resistiven Zuständen geschaltet werden. Die I/U-Charakteristik veranschaulicht diese beiden resistiven Zustände. Der niederohmige Zustand wird durch die Kennlinienäste 3 und 4 und der hochohmige Zustand durch die Kennlinienäste 6 und 1 dargestellt. Abhängig von der außen aufgeprägten Spannung kann zwischen diesen beiden resistiven Zuständen geschaltet werden. Die Ziffern in der Abbildung weisen auf die von außen eingeprägte Spannungssequenz hin, die zu zwei resistiven Kennlinien führt.

Die I/U-Charakteristik zeigt einen Zustandswechsel von einem hochohmigen in einen niederohmigen Zustand bei -3,8 V, der typischerweise durch einen sprunghaften Stromanstieg

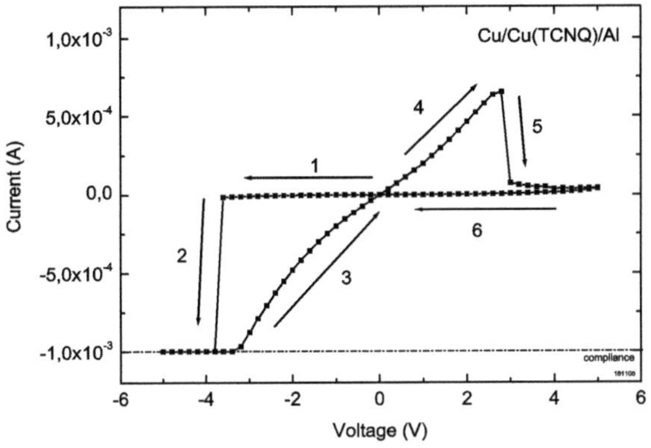

Abbildung 3.1: Strom-Spannungs-Kennlinie eines Cu/Cu(TCNQ)/Al-Schaltelements.

(Kennlinienast 2) gekennzeichnet ist. Der Wechsel in den ursprünglichen hochohmigen Zustand kann durch einen positiven Spannungspuls eingeleitet werden. Das Schalten in den hochohmigen Zustand findet bei diesem Schaltelement bei 2,7 V statt. Das Zurückschalten in den hochohmigen Zustand ist durch einen Stromabfall (Kennlinienast 5) charakterisiert. Dieser Stromabfall kann durch einen kontinuierlichen Verlauf, aber auch wie in diesem Beispiel durch einen Stromsprung gekennzeichnet sein und wird als negativer differentieller Widerstandsbereich (NDR-Bereich) bezeichnet.

3.1 Einfluss einer Metallkontaktfläche

In dieser Versuchsreihe wurde zunächst geprüft, welchen Einfluss Abschlussmetallkontaktflächen einer Cu/Cu(TCNQ)-Schichtstruktur auf das Schaltverhalten haben. Durch die Variation der abschließenden Kontaktelektrodenfläche kann auf die Stromdichte Einfluss genommen werden und damit ein möglicher Einfluss auf die Bistabiliät eines Schaltelements. Für diese Versuchsreihe wurden einige gestapelte Cu/Cu(TCNQ)-Schichtstrukturen hergestellt und anschließend mit einer Metallabschlusskontaktelektrode mit unterschiedlichen Kontaktflächen realisiert. Bei der Wahl der Metallabschlusskontaktelektrode wurde bewusst auf einen leicht oxidierbaren Metallkontakt (z.B. Aluminium) verzichtet, da eine mögliche

Oxidierung der Kontaktelektrode bzw. die Ausbildung einer Metalloxidschicht zwischen Cu(TCNQ) und Abschlusskontaktelektrode ausgeschlossen werden sollte. Um ausschließlich nur den Einfluss einer Kontaktfläche eines Cu/Cu(TCNQ)/Metall-Schaltelements bestimmen zu können, wurde die Cu/Cu(TCNQ)-Schichtstruktur mit einer Au-Kontaktelektrode abgeschlossen.

Für die Versuchsdurchführung wurde eine Cu/Cu(TCNQ)-Struktur verwendet, die mit dem Verfahren der spontanen Elektrolyse hergestellt worden ist. Zunächst wurde auf ein Glassubstrat eine Cu-Schicht (100 nm) mit einem Elektronenstrahlverdampfer aufgetragen und anschließend für 90 s in eine gesättigte TCNQ-Acetonitrillösung (40 °C) getaucht. Die Cu-Schicht wurde bei diesem Vorgang mit einer Cu(TCNQ)-Schicht (3–4 μm) bedeckt. Im nächsten Schritt wurde auf die Cu/Cu(TCNQ)-Struktur mit einem Elektronenstrahlverdampfer ein Au-Kontakt (100 nm) aufgedampft.

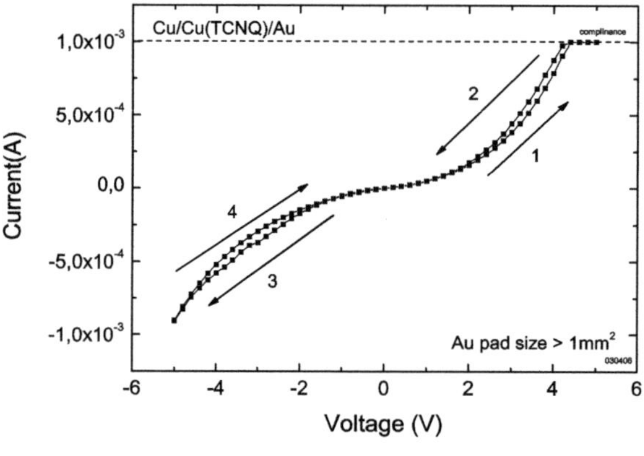

Abbildung 3.2: Strom-Spannungs-Kennlinie eines Cu/Cu(TCNQ)/Au-Bauelements. Für die obere Au-Kontaktfäche gilt $A_{Au} \geq (1\times1)$ mm^2. Langsame Entstehung eines nicht linearen Kennlinienasts, der einem hohen resistiven Zustand zugeordnet wird.

Abb. 3.2 zeigt das typische elektrische Verhalten eines Cu/Cu(TCNQ)-Bauelements mit einer Au-Kontaktelektrode mit einer Kontaktfläche von etwa (1×1) mm^2. Wie aus Abb. 3.2 zu entnehmen ist, zeigt die I/U-Kennlinie ein nicht lineares Verhalten und auch keine Bistabilität.

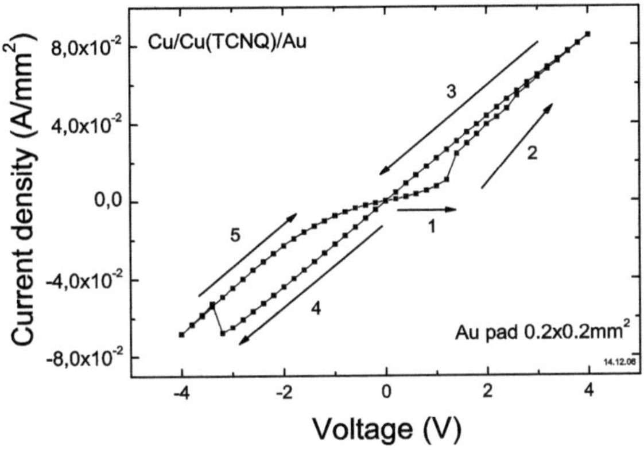

Abbildung 3.3: Strom-Spannungs-Kennlinie eines Cu/Cu(TCNQ)/Au Schaltelements mit einer Au-Kontaktfläche von (0,2×0,2) mm^2.

Im weiteren Verlauf der Versuchsreihe wurde die Au-Kontaktelektrode verkleinert. Dadurch konnte eine grundlegende Änderung im I/U-Kennlinienverlauf festgestellt werden. Die Reduzierung der Größe der Au-Kontaktfläche hatte einen direkten Einfluss auf die Ausbildung eines hochohmigen Zustands. Die Reduzierung der Au-Kontaktabmessungen auf (0,2×0,2) mm^2 zeigte bereits zwei Zustände mit einem hohen und einem niedrigen Widerstand, Abb. 3.3. Eine stärkere Ausprägung des hochohmigen Kennlinienasts gegenüber Schaltelementen mit größeren Au-Kontaktflächen (1 mm^2) ist zu beobachten. Desweiteren bilden sich die Zustandsübergänge, d.h. die Schwellspannung (1,2 V) und der Schaltvorgang im Bereich des differentiellen Widerstands (3,2 V) langsam heraus. Das Schalten zwischen den beiden Zuständen war jedoch nicht bei jedem Durchlaufen der Kennlinie möglich.
Im nächsten Schritt wurde die Au-Kontaktelektrode (Kontaktfläche (0,1×0,2) mm^2) weiter verkleinert. Abb. 3.4 zeigt die I/U Charakteristik eines Cu/Cu(TCNQ)/Au-Schaltelements mit einer Au-Kontaktfläche von 0,02 mm^2. Die beiden den resistiven Zustand beschreibenden Kennlinienäste sind bereits deutlich zu erkennen. Die Schwellspannung und der negative differentielle Widerstandsbereich sind bereits stark ausgeprägt.

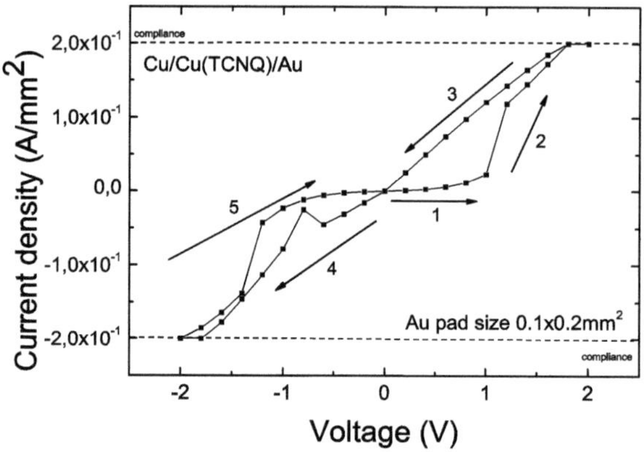

Abbildung 3.4: Strom-Spannungs-Kennlinie eines Cu/Cu(TCNQ)/Au-Schaltelements mit einer Au-Kontaktfläche von 0,02 mm^2.

Im letzten Versuchsschritt wurde die Au-Kontaktfläche ein weiteres Mal verkleinert, indem eine scharfe Au-Nadelspitze auf die Cu(TCNQ)-Schicht aufgesetzt wurde. Das Cu/Cu(TCNQ)-Bauelement mit einer aufgesetzten Au-Nadelspitze konnte mehrere hundert Male zwischen zwei resistiven Zuständen geschaltet werden, siehe I/U Kennlinie in Abb. 3.5. Das Bauelement schaltete bei 1,8 V sprunghaft in den niederohmigen Zustand und bei -1,1 V zurück in den hochohmigen Zustand. Die beiden resistiven Zustände wurden von einem ausgeprägten typischen Bereich des negativen Widerstands begleitet.

Diese Versuche zeigen, dass die Kontaktfläche großen Einfluss auf das Schaltverhalten hat. Eine Reduzierung der Kontaktfläche bishin zu einer Nadelspitze hatte das Schalten in einem Cu(TCNQ)-Bauelement begünstigt. Die Ergebnisse zeigen, dass das Cu(TCNQ) zwischen zwei resistiven Zuständen mehrere hundert Male mit einer metalloxidfreien Elektrode geschaltet werden kann, vorausgesetzt, dass die Kontaktfläche zu Cu(TCNQ) klein genug gewählt wird. Desweiteren kann der Versuchsreihe entnommen werden, dass die Stromdichten, die im elektrischen Schaltbetrieb die beiden resistiven Zustände beschreiben, bei kleiner werdenden Kontaktflächen größere Werte annehmen gegenüber großflächigen Kontakten.

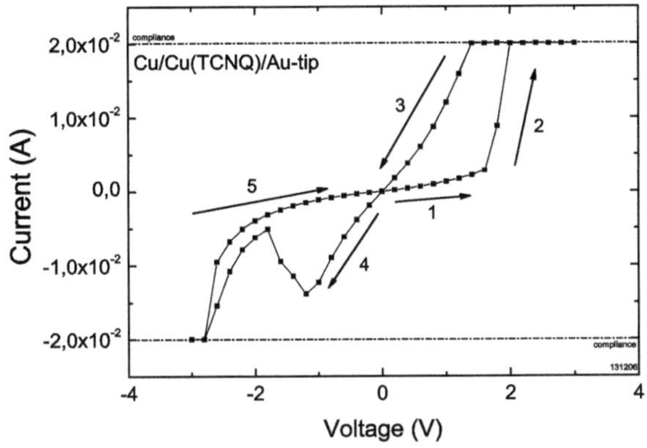

Abbildung 3.5: Strom-Spannungs-Kennlinie eines Cu/Cu(TCNQ)-Bauelements mit einer aufgesetzter Au-Nadelspitze.

3.2 Einfluss von Metalloxidzwischenschichten

Im vorherigen Abschnitt 3.1 wurde gezeigt, dass das Schalten eines Cu(TCNQ)-Bauelements nicht an eine Metalloxidzwischenschicht gebunden ist. Im Laufe der Cu(TCNQ)-Untersuchung stellte sich die Frage, welchen Einfluss eine Metalloxidschicht auf das Schaltverhalten eines Cu(TCNQ)-Bauelements haben kann. In der Literatur gibt es bereits Hinweise, dass eine Metalloxidschicht für das Schalten verantwortlich ist [31, 43, 63]. Im Zusammenhang mit der Fragestellung nach dem Einfluss einer Metalloxidschicht wurde für den Abschluss eines Cu/Cu(TCNQ)/Metalloxid-Bauelements eine Au-Kontaktelektrode verwendet. Mit der Verwendung einer Au-Abschlusskontaktelektrode wurde eine mögliche, spontan gebildete Oxidschicht der Kontaktelektrode ausgeschlossen.

Werden die von Potember untersuchten Cu/Cu(TCNQ)/Al-Schaltelemente genauer betrachtet, so kann eine dünne, spontan gebildete Al_2O_3-Schicht (z.B. Restsauerstoff in der Vakuumkammer) nicht ausgeschlossen werden. In welchem Umfang eine Al_2O_3-Schicht bzw. Oxidschicht das Schalten beeinflusst, sollte in den folgenden Versuchen überprüft werden.

Um diesen Zusammenhang genauer untersuchen zu können, wurde zunächst zwischen Cu(TCNQ) und Au-Kontaktelektrode (Kontaktfläche (0.5×2) mm^2) eine Al_2O_3-Schicht mit einer Schichtdicke von 200 nm mit einem Elektronenstrahlverdampfer (2-3 Å/s) aufgebracht. Die in dieser Versuchsreihe verwendeten Cu/Cu(TCNQ)-Strukturen wurden mit dem Verfahren der spontanen Elektrolyse hergestellt. Zunächst wurde eine Cu-Schicht (100 nm) mit dem Elektronenstrahlverdampfverfahren aufgebracht und im nächsten Schritt in eine gesättigte Acetonitrillösung (40 °C) für 90 s getaucht. Im letzten Schritt wurde die Cu/Cu(TCNQ)-Struktur unter Verwendung von Stickstoff getrocknet.

Erwartungsgemäß zeigte das Schaltelement mit einer 200 nm dielektrischen Al_2O_3-Schicht kein isolierendes Verhalten. Es ist davon auszugehen, dass die rauhe Cu(TCNQ)-Oberfläche (Cu(TCNQ)-Schichtprofil etwa 1 μm) unvollständig bzw. unzureichend mit einer isolierenden Al_2O_3-Schicht bedeckt wird.

Diese Cu/Cu(TCNQ)/Al_2O_3/Au-Bauelemente (Kontaktfläche (0.5×2) mm^2) wurden auf Bistabilität untersucht und zeigten, die für Cu(TCNQ)-Schaltelemente typischen zwei resistiven Schaltzustände. Eine Reduzierung der Kontaktfläche (Au-Nadelspitze) führte zu keiner Änderung des bistabilen Verhaltens. Auch eine Vergrößerung der Au-Kontaktelektrode (Kontaktfläche (2–3) mm^2) hatte keinen Einfluss auf das stabile Schaltverhalten des Bauelements.

Die Schaltspannung, die die Bauelemente von einem hochohmigen in einen niederohmigen Zustand überführt, erhöhte sich um 2 bis 3 V gegenüber Bauelementen ohne Oxidzwischenschicht. Der Übergang von einen niederohmigen in einen hochohmigen Zustand wurde nicht bei jedem Kennliniendurchlauf durch einen negativen differentiellen resistiven Bereich gekennzeichnet. In einigen Fällen schaltete das Bauelement in den hochohmigen Zustand in einem Schritt.

Auch nach einigen hundert Schaltzyklen haben die Cu/Cu(TCNQ)/Al_2O_3/Au-Bauelemente ein stabiles und reproduzierbares Schaltverhalten in einer Luftmessumgebung aufgewiesen. Die Lebensdaueruntersuchung dieser Bauelemente wird in Kapitel 3.8 behandelt.

Im weiteren Verlauf der Untersuchungen wurde die Al_2O_3-Schicht durch weitere Metalloxidschichten ersetzt. Die Untersuchungen zur Oxidzwischenschicht wurden auf die Ventilmetalloxidschicht beschränkt, zu den Aluminium selbst zählt. Neben Aluminium können u. a. Tantal, Niob, Titan, Zink, Zirconium und Wolfram in einem elektro-chemischen Verfahren, eine in eine Richtung für den elektrischen Strom sperrende Oxidschicht erzeugen und damit eine elektrische Ventilwirkung darstellen [64].

In dieser Versuchsreihe wurden Cu(TCNQ)-Bauelemente mit einer Tantal-, Niob-, Titan-, Zirconium- und Wolframoxidzwischenschicht auf Bistabilität untersucht. Die Ventiloxidschichten (200 nm) wurden mit dem Elektronenstrahlverdampfverfahren auf die zuvor durch spontane Elektrolyse hergestellte Cu(TCNQ)-Schicht aufgebracht. Im Anschluss an die aufgebrachte Ventiloxidschicht wurde das Bauelement mit einer Au-Kontaktelektrode (Kontaktfläche (1×1) mm^2) abgeschlossen.

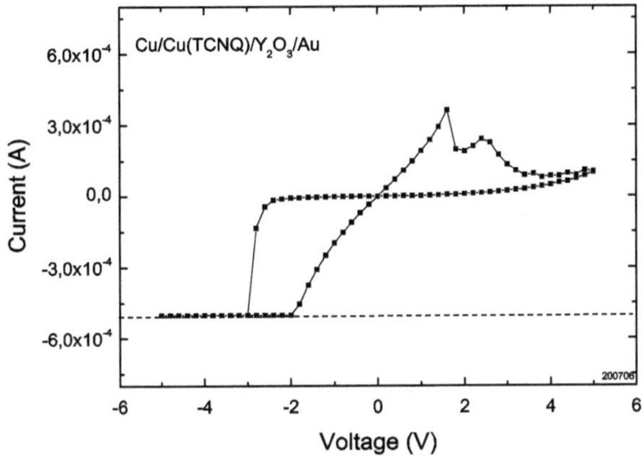

Abbildung 3.6: Strom-Spannungs-Kennlinie eines Cu/Cu(TCNQ)/Y_2O_3/Au-Schaltelements mit zwei resistiven Zuständen.

Die durchgeführten Bistabilitätsuntersuchungen an Cu(TCNQ)-Bauelementen mit den zuvor aufgelisteten Ventiloxidschichten haben gezeigt, dass nur Bauelemente mit einer Ta_2O_5- oder ZrO_2-Zwischenschicht (stabilisiert mit TiO_2) zwei resistive Schaltzustände aufwiesen. Besonders die Cu(TCNQ)-Schaltelemente mit einer ZrO_2-Zwischenschicht zeichneten sich durch stark ausgeprägt resistive Zustände aus.

ZrO_2 ist ein Feststoff-Elektrolyt, der in Abhängigkeit von der Temperatur Sauerstoffionen leitet. In der Automobilindustrie wird ZrO_2 zusammen mit Y_2O_3 in einer Lambdasonde als Ionenleiter eingesetzt. In diesem Zusammenhang wurde ein weiteres Cu/Cu(TCNQ)-Bauelement mit einer Y_2O_3-Zwischenschicht (Elektronenstrahlverdampfverfahren, 200 nm) gefertigt und mit einer Au-Kontaktelektrode (1×1) mm^2 abgeschlossen. Die im Anschluss durchgeführten Messungen an Cu/Cu(TCNQ)/Y_2O_3/Au-Bauelementen zeigten ein bistabiles Schaltverhalten mit klar ausgeprägten resistiven Schaltzuständen, siehe Abb.3.6.

Ein anschließender Vergleich der I/U-Charakteristik von Schaltelementen mit einer Oxidzwischenschicht mit Schaltelementen ohne eine Oxidzwischenschicht aber einer kleinen Au-Kontaktfläche zeigte einen erheblichen Unterschied. Die Kennlinieverläufe sind invers zu einander, d. h. Schaltelemente mit kleiner oxidfreier Au-Kontaktfläche zeigten einen

Schaltwechsel von einem hochohmigen in einen niederohmigen Zustand bei einer positiven Spannung. Schaltelemente mit Oxidschicht zeigen bei einer negativen Spannung ein Schaltverhalten von einem niederohmigen in einen hochohmigen Zustand.

3.3 Einfluss von Kontaktmetallen

Die im vorherigen Abschnitt 3.2 beobachtete Umkehrung der Polarität der I/U-Charakteristik wurden näher untersucht. Die Cu(TCNQ)-Bauelemente mit einer aufgesetzten Au-Nadelelektrode (Au_{tip}) zeigen ein bistabiles Verhalten, dass sich von Schaltelementen mit einer Oxidzwischenschicht unterscheidet. Die typischen Schaltmerkmale eines Cu(TCNQ)-Bauelements, d.h. der sprunghafte Stromanstieg, der das Schaltelement in den niederohmigen Zustand überführt und der NDR-Bereich, haben trotz gleichbleibender von außen aufgeprägter Spannungspolarität (Cu-Kontakt geerdet) eine umgekehrte I/U-Charakteristik gegenüber Schaltelementen mit einer Au-Nadelelektrode gezeigt.
Die Verwendung von unterschiedlichen Kontaktelektroden führt gleichzeitig zu veränderten Injektionseigenschaften an der Grenzfläche. Die Injektionseigenschaften werden durch die Metallaustrittsarbeit bestimmt. Ein möglicher Zusammenhang zwischen Umkehrung der I/U-Kennlinie und Metallkontakten in Abhängigkeit von der Metallaustrittsarbeit sollte in folgender Versuchsreihe bestimmt werden.
Die mit dem Standardverfahren hergestellte Cu/Cu(TCNQ)-Struktur wurde mit einer abschließenden Metallelektrode kontaktiert. Der abschließende Metallkontakt wurde mit einer Metallspitze hergestellt, die vorsichtig auf das Cu/Cu(TCNQ)-Bauelement aufgelegt wurde. Im Rahmen dieser Untersuchung wurden folgende Metalle für die Kontaktspitze gewählt: Pt, Au, Mo, Au, W, Zn, Al, In und Zr. Mit dieser Auswahl sollte ein möglichst großer Bereich der Austrittsarbeit (Δ eV) für Metalle, die als mögliche Kontaktelektroden verwendet werden könnten, abgedeckt werden [65]. Tabelle 3.1 zeigt die verwendeten Metallspitzen, die für die Kontaktelektroden ausgewählt wurden, die dazugehörige Austrittsarbeit und den typische I/U-Kennlinienverlauf. Bei allen Messungen an Cu/Cu(TCNQ)/$Metall_{tip}$-Bauelementen wurde die Cu-Kontaktelektrode geerdet.
Zunächst wurde die I/U-Kennlinie eines Cu/Cu(TCNQ)/Pt_{tip}-Bauelements aufgezeichnet, siehe Abb. 3.7. Das Cu/Cu(TCNQ)/Pt_{tip}-Bauelement zeigte ein bistabiles Verhalten mit zwei stabilen Schaltzuständen. Diese Zustände sind nicht so stark ausgeprägt, wie z.B. bei einem Cu(TCNQ)-Bauelement mit einer Au-Kontaktspitze. Das Schalten von einem hochohmigen in einen niederohmigen Zustand hat keinen sprunghaften Verlauf. Die I/U-Kennlinie eines Cu/Cu(TCNQ)/Pt_{tip}-Schaltelements zeigt einen NDR-Bereich im negativen Spannungsbe-

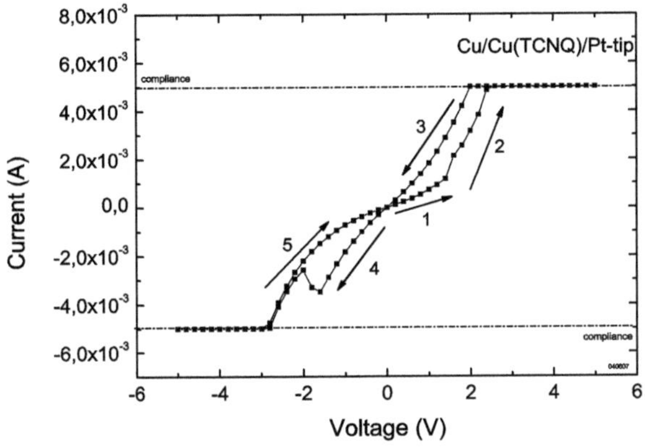

Abbildung 3.7: Strom-Spannungs-Kennlinie eines Cu/Cu(TCNQ)-Bauelements mit einer aufgesetzten Pt-Nadelspitze.

reich. Diese Schalteigenschaft, d.h. ein NDR-Bereich im negativen Spannungsbereich der I/U-Kennlinie, zeigt ebenfalls ein Cu/Cu(TCNQ)/Au_{tip}-Schaltelement. Im Gegensatz zu diesen beiden Schaltelementen zeigt ein Cu/Cu(TCNQ)/Al-Schaltelement [15] einen NDR-Bereich im positiven Spannungbereich der I/U-Kennlinie. Um im weiteren Versuchsverlauf die I/U-Kennlinien leichter einordnen zu können, wurde für die I/U-Kennlinien mit einem NDR-Bereich im positiven Spannungsbereich die Bezeichnung „reguläre“ I/U-Kennlinie verwendet. Für den I/U-Kennlinienverlauf mit einem NDR-Bereich im negativen Spannungsbereich wurde die Bezeichnung „inverse“ I/U-Kennlinie gewählt.

Die Versuchsreihe wurde fortgesetzt, in dem die Pt-Spitze durch W-, Mo-, Cu-, Al-, und In-Kontaktspitze ausgetauscht wurde und die dazugehörigen I/U-Kennlinien aufgezeichnet wurden. Bauelemente mit einer Cu-, Al-, In- und Zr-Spitzen zeigen ein reguläres Verhalten, so wie in Abb.3.8, in der ein typisches Beispiel für eine I/U-Kennlinie eines Cu/Cu(TCNQ)/Cu_{tip}-Schaltelements dargestellt ist. Das Bauelement schaltet vom hochohmigen in den niederohmigen Zustand in mehreren unstetigen Schritten.

Die I/U-Kennlinie eines Bauelements mit einer Al-Kontaktspitze ist in Abb. 3.9 dargestellt. Das Bauelement schaltet bei 4 V in den niederohmigen Zustand und bei -2,3 V in den hochohmigen Zustand zurück. Das Schalten in die jeweiligen Zustände hat eine sprungartige Charakteristik.

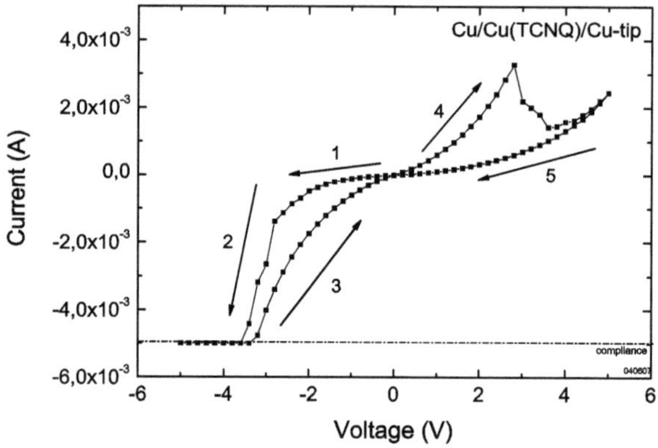

Abbildung 3.8: Strom-Spannungs-Kennlinie eines Cu/Cu(TCNQ)-Bauelements mit einer aufgesetzten Cu-Nadelspitze.

Abb. 3.10 zeigt die I/U-Kennlinie eines Bauelements mit einer Zr-Spitze. Die I/U-Kennlinie des Schaltelement zeigt zwei Schaltzustände. Das Cu/Cu(TCNQ)/Zr_{tip}-Bauelement schaltet bei 4 V in den niederohmigen Zustand. Das Schalten in den hochohmigen Zustand ist durch mehrere Maxima im NDR-Bereich gekennzeichnet.

Eine resistive Zustandsänderung muss nicht durch ein sprunghaftes Verhalten gekennzeichnet sein. Die I/U-Kennlinie eines Cu/Cu(TCNQ)/In_{tip}-Schaltelements enthält keine sprunghaften Stromanstiege sondern wird durch einen stetigen Kurvenverlauf beschrieben, siehe Abb. 3.11.

Die I/U-Kennlinie eines Cu/Cu(TCNQ)/Mo_{tip}-Schaltelements zeigt ein inverses Verhalten. Cu/Cu(TCNQ)-Bauelementen mit einer W-Spitze konnte ein inverses oder ein reguläres Verhalten zugeordnet werden. Die I/U-Kennlinie eines Cu/Cu(TCNQ)/W_{tip}-Bauelements zeigte einen instabilen und nicht reproduzierbaren Verlauf. Der negative differentielle Widerstandsbereich der I/U-Charakteristik wurde unabhängig von angelegter Schaltspannung im negativen oder auch positiven Spannungsbereich beobachtet. Die Schwellspannung eines Cu/Cu(TCNQ)/W_{tip}-Schaltelements, die das Bauelement in den niederohmigen Zustand schaltet, variiert sehr stark. Desweiteren konnte nicht bei jedem Kennlinienverlauf ein Schaltwechsel beobachtet werden.

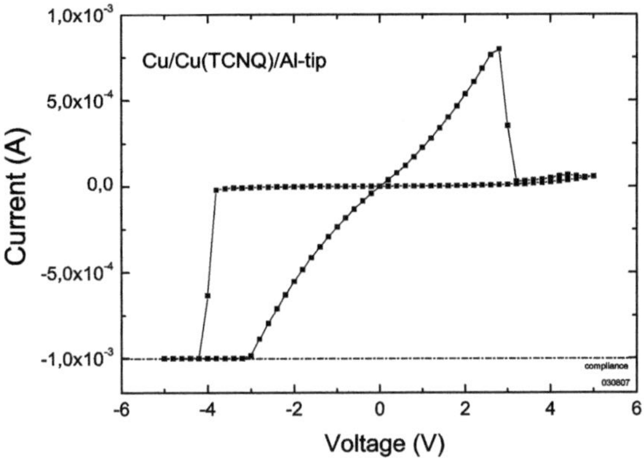

Abbildung 3.9: Strom-Spannungs-Kennlinie eines Cu/Cu(TCNQ)-Bauelements mit einer aufgesetzten Al-Nadelspitze.

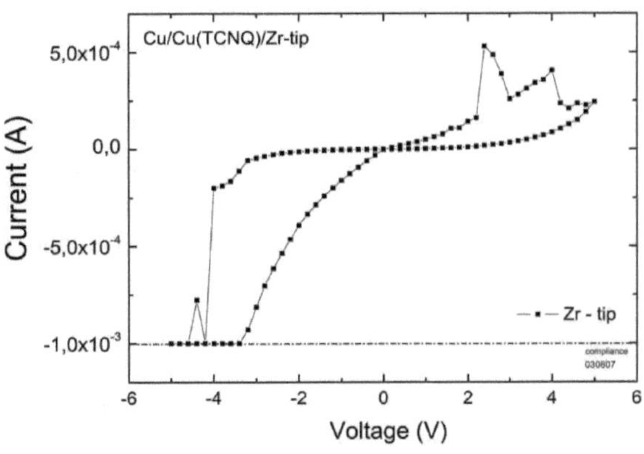

Abbildung 3.10: Strom-Spannungs-Kennlinie eines Cu/Cu(TCNQ)-Bauelements mit einer aufgesetzten Zr-Nadelspitze.

Tabelle 3.1: Austrittsarbeit [65] und Kennlinienklassifizierung der als Kontaktelektrode verwendeten Metallspitzen bei einem Cu/Cu(TCNQ)-Bauelement.

Kontaktelektrode	Austrittsarbeit (eV)	Kennlinienverlauf
Pt	5.7	invers
Au	5.1	invers
Mo	4.8	invers
Cu	4.7	regulär
W	4.6	undefiniert
Zn	4.4	regulär
Al	4.3	regulär
In	4.2	regulär
Zr	4.1	regulär

Die in der Tabelle 3.1 aufgelisteten Metalle sind nach der Austrittsarbeit in eV sortiert. Aus der Tabelle kann entnommen werden, dass etwa bei 4,7 eV ein Übergang von einem regulären zu einem inversen Verhalten auftritt.

Die in der Tabelle 3.1 aufgeführten Austrittsarbeitswerte wurden der Literatur entnommen. Die Austrittsarbeitswerte der tatsächlich verwendeten Metalle können jedoch von den Werten aus der Literatur abweichen, da die Metallspitzen nur mit Aceton gereinigt worden sind und damit nicht alle Adsorbate und Oxide ausgeschlossen werden können.

Im Rahmen dieser Untersuchungen wurden auch Cu/Cu/(TCNQ)-Bauelemente mit Ca- und Li-Kontaktelektroden hergestellt. Bei Ca und Li handelt es sich um Metalle mit einer sehr niedrigen Austrittsarbeit. Diese Metalle sind so stark reaktiv, das sie in einer Luftumgebung nicht verwendet werden können. Die Oxidation ist so schnell und stark, dass die als Kontaktelektrode verwendeten Metallspitzen in kürzester Zeit in Metalloxidspitzen umgesetzt werden und ein Messverfahren in einer sauerstoffhaltigen Umgebung keine brauchbaren, bzw. keine auf das Schaltverhalten weisenden Ergebnisse liefert. Deshalb wurden die Cu/Cu(TCNQ)-Bauelemente mit einer Ca- und Li-Kontaktelektrode in einem Rezipienten in einer sauerstoffarmen Umgebung ausgewertet.

Die im Standardverfahren hergestellten Cu/Cu(TCNQ)-Bauelemente wurden in einem Rezipienten mit Hilfe einer Schattenmaske abgedeckt. Im Anschluss wurde in einem thermischen Verdampfverfahren (2–3 $Å/s$) jeweils eine Ca- und Li-Kontaktelektrode (200 nm) auf die Cu(TCNQ)-Schicht aufgebracht. Nach dem Aufdampfen der Kontaktelektrode im

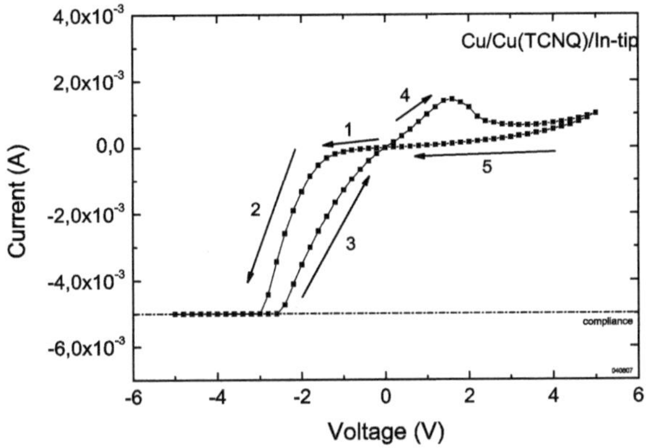

Abbildung 3.11: Strom-Spannungs-Kennlinie eines Cu/Cu(TCNQ)-Bauelements mit einer aufgesetzter In-Nadelspitze.

Rezipienten (Vakuum 10^{-6} mbar) wurden die Schaltelemente sofort auf ihr Schaltverhalten hin untersucht. Die aufgezeichneten I/U-Kennlinien der Cu/Cu(TCNQ)-Bauelemente mit einer Ca- und Li-Kontaktelektrode haben kein Schaltverhalten im Vakuum aufgezeigt.
In einem abschließenden Experiment wurde der Rezipient mit Stickstoff geflutet. Die stickstoffreiche Umgebung hatte jedoch keinen Einfluss auf die Cu/Cu(TCNQ)-Bauelemente mit einer Ca- und Li-Kontaktelektrode, so dass auch unter diesen Umgebungsbedingungen kein Schaltverhalten beobachtet werden konnte.

3.4 Einfluss von Gasen auf Bistabilität von Cu(TCNQ)-Schaltelementen

Im vorherigen Abschnitt wurden Schaltelemente mit einer Li- und Ca-Kontaktelektrode aufgrund ihrer hohen Reaktivität im Vakuum untersucht. Bei diesen Versuchen wurde zunächst vorausgesetzt, dass ein Schalten in sauerstoffarmer Umgebung möglich ist. Um diesen Sachverhalt zu prüfen, wurden Schaltelemente, die in sauerstoffreicher Umgebung ein Schaltverhalten aufgewiesen haben, in sauerstoffarmer Gasumgebung auf Bistabiliät untersucht.

Bei den Untersuchungen zeigt sich, dass die Gasumgebung einen wesentlichen Einfluss auf die Bistabilität eines eine Oxidzwischenschicht enthaltenden Bauelements besitzt. Die Untersuchungen zeigen, dass Bauelemente mit einer Oxidzwischenschicht bei Entzug von Sauerstoff ihre Bistabilität reversibel verlieren.

Zu Beginn der Untersuchung wurde eine Cu/Cu(TCNQ)-Struktur im Standardverfahren hergestellt. Auf die Cu(TCNQ)-Schicht wurde zunächst eine Al_2O_3-Schicht (200 nm) und im Anschluss eine Au-Kontaktschicht (100 nm) mit dem Elektronenstrahlverdampfverfahren (2–3 $\AA$/s) aufgedampft. Im nächsten Schritt wurde die Bistabilität des Cu/Cu(TCNQ)/Al_2O_3/Au-Schaltelements in gewöhnlicher Laborluft verifiziert. Dieses Schaltelement wurde anschließend in einem Rezipienten bei 10^{-6} mbar elektrisch charakterisiert. Dabei konnte keine Bistabiliät festgestellt werden. Die I/U-Kennlinie zeigte ein nahezu ohmsches Verhalten und ähnelte der Kennlinie des zuvor in der Luftumgebung gemessenen niederohmigen Zustands.
Im nächsten Schritt wurde der Rezipient mit trockenem Stickstoff gespült. Das Cu/Cu(TCNQ)/Al_2O_3/Au-Schaltelement zeigte weiterhin keine Bistabilität und verhielt sich ohmsch, wie bereits im Vakuum beobachtet.
In einem weiteren Versuch wurde der Rezipient (10^{-6} mbar) statt mit Stickstoff mit trockenem Sauerstoff geflutet, so dass sich ein geringer Überdruck im Rezipienten eingestellt hat. In diesem Fall konnte die urprüngliche (in Luftumgebung verfizierte) Bistabilität festgestellt werden. Beim Kennliniendurchlauf schaltet das Cu/Cu(TCNQ)/Al_2O_3/Au-Schaltelement wieder in den hochohmigen Zustand.
Ein mehrmaliges abwechselndes Füllen des Rezipienten mit Stickstoff und Sauerstoff und die elektrische Bistabilitätsprüfung führte zu dem Resultat, dass es sich um einen reversiblen Prozess handelt.
In Abb. 3.12 wird ein typisches reversibles Verhalten eines Cu/Cu(TCNQ)/Al_2O_3/Au-Schaltelements in verschiedenen Gasumgebungen dargestellt. Die Abbildung enthält drei Kennlinienverläufe eines Cu/Cu(TCNQ)/Al_2O_3/Au-Schaltelements, die in drei unterschiedlichen Gasumgebungen aufgezeichnet wurden. Die Kennlinie des Schaltelements im Vakuum zeigt ein nahezu ohmsches Verhalten. Die in Luft und Sauerstoff aufgenommenen Kennlinien zeigen ausgeprägte Bistabilität.
Die Schaltspannungen, die das Cu/Cu(TCNQ)/Al_2O_3/Au-Bauelement in Luft- oder Sauerstoffumgebung in einen niederohmigen Zustand schalten, können am gleichen Schaltelement um bis zu +/-2 V variieren.
Im weiteren Verlauf der Untersuchung wurde die Al_2O_3-Zwischenschicht durch eine ZrO_2-Schicht (stabilisiert mit TiO_2) ersetzt. Im Gegensatz zu Cu/Cu(TCNQ)/Al_2O_3/Au-

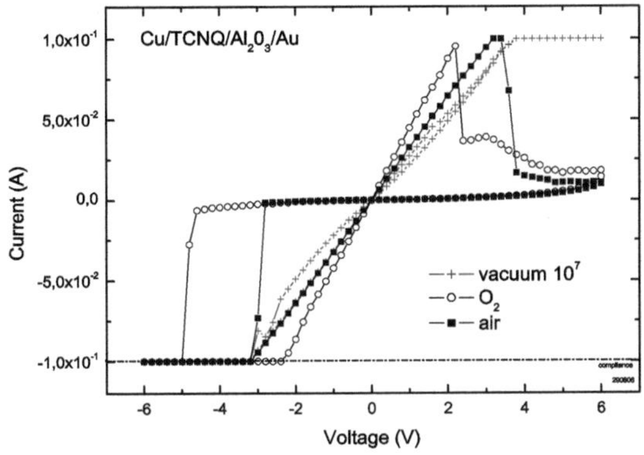

Abbildung 3.12: Strom-Spannungs-Kennlinie eines Cu/Cu(TCNQ)/Al_2O_3/Au-Schaltelements in verschiedenen Gasumgebungen.

Schaltelementen erlangten die Schaltelemente mit einer ZrO_2-Schicht erst nach einigen Minuten in sauerstoffhaltiger Umgebung wieder ihre Bistabilität.
Abb. 3.13 zeigt eine I/U-Kennlinie eines Cu/Cu(TCNQ)/ZrO_2/Au-Schaltelements, dass sich in einer sauerstoffarmer Umgebung befindet (Vakuum 10^{-6} mbar). Die I/U-Kennlinie zeigt unter diesen Umgebungsbedingungen einen Verlauf, der dem niederohmigen Schaltzustand zugeordnet werden kann.

Im nächsten Schritt der Untersuchung wurde der Rezipient, in dem das Cu/Cu(TCNQ)/ZrO_2/Au-Schaltelement auf Bistabiliät überprüft werden sollte, mit trockenen Sauerstoff geflutet, so dass sich ein kleiner Überdruck eingestellt hat. Nach 3 min in der Sauerstoffumgebung wurde die nächste I/U-Kennlinie des Cu/Cu(TCNQ)/ZrO_2/Au-Schaltelements aufgezeichnet, siehe Abb. 3.14. Die I/U-Kennlinie des Schaltelements nach 3 min in sauerstoffreicher Umgebung zeigt einen Verlauf, der dem in Vakuum gleicht.

Nach weiteren 4 min wurde die nächste I/U-Kennlinie des Cu/Cu(TCNQ)/ZrO_2/Au-Bauelements aufgezeichnet. Die I/U-Kennlinie zeigt nun ein bistabiles Verhalten. Das Cu/Cu(TCNQ)/ZrO_2/Au-Bauelement schaltet bei 4 V in den niederohmigen und bei -4,2 V in den hochohmigen Zustand, Abb. 3.15.
Im letzten Schritt dieser Untersuchung wurde ein Cu/Cu(TCNQ)/Au_{tip}-Schaltelement einer Stickstoff- und Vakuumumgebung ausgesetzt und die I/U-Kennlinien wurden aufgezeichnet.

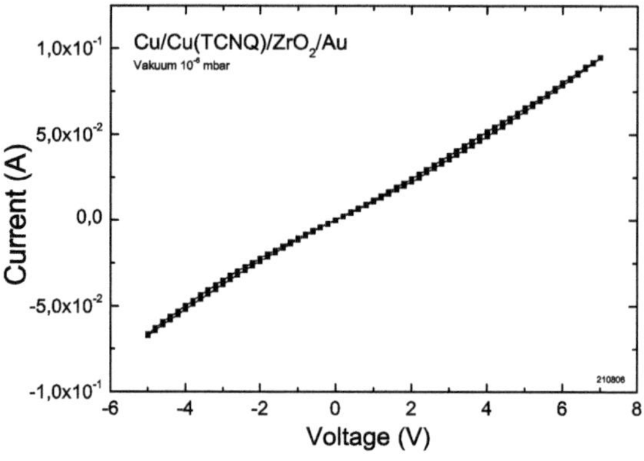

Abbildung 3.13: Strom-Spannungs-Kennlinie eines Cu/Cu(TCNQ)/ZrO_2/Au-Bauelements in einer sauerstoffarmer Umgebung (Vakuum 10^{-6} mbar).

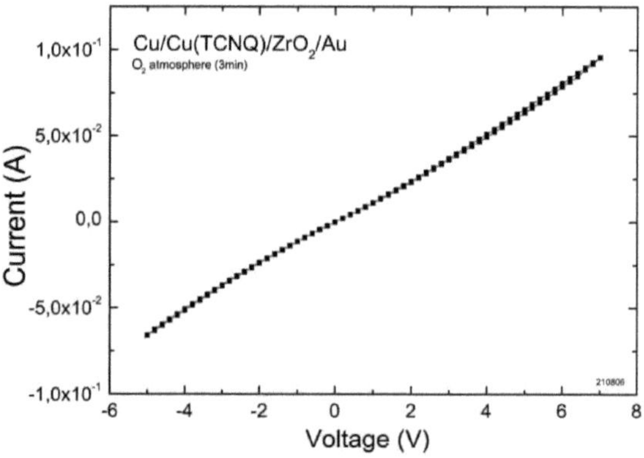

Abbildung 3.14: Strom-Spannungs-Kennlinie eines Cu/Cu(TCNQ)/ZrO_2/Au-Bauelements, das nach einer Vakuumumgebung 3 min einer sauerstoffreichen Umgebung ausgesetzt worden ist.

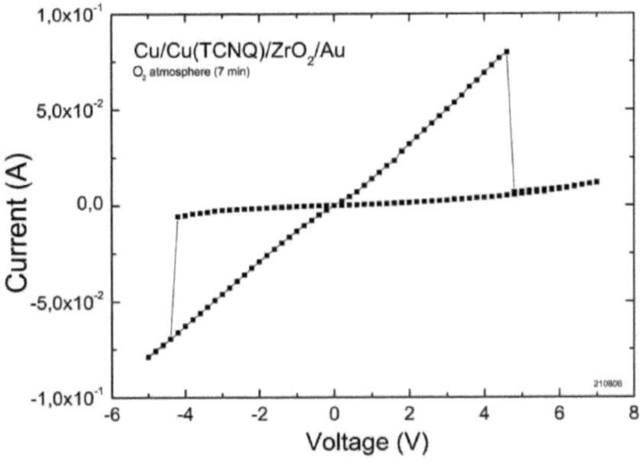

Abbildung 3.15: Strom-Spannungs-Kennlinie eines Cu/Cu(TCNQ)/ZrO_2/Au-Bauelements, das 7 min lang einer sauerstoffreichen Umgebung ausgesetzt worden ist (zuvor Vakuumumgebung).

Im Gegensatz zu Bauelementen mit einer Al_2O_3- oder ZrO_2-Zwischenschicht, zeigte das Cu/Cu(TCNQ)/Au_{tip}-Schaltelement keine Reaktion auf die unterschiedlichen Gasbedingungen und behielt seine Bistabilität.

Zusammenfassend lässt sich sagen, dass der Sauerstoff für den Verlust der Bistabilität bei Schaltelementen mit einer Al_2O_3- oder ZrO_2-Zwischenschicht verantwortlich ist. Da die Schaltelemente direkt nach der Vakuumphase einer trockenen Sauerstoffumgebung ausgesezt worden sind, kann auch die Feuchtigkeit z.B. in der Laborluft ausgeschlossen werden. Diese Untersuchungen zeigen, dass das Schalten nicht in der Cu(TCNQ)-Schicht stattfindet, da sonst auch ein Bistabilitätsverlust bei einem Cu/Cu(TCNQ)/Au_{tip}-Schaltelement zu beobachten wäre.

Der Ursprung der unterschiedlichen Regenerationszeiten für Bauelemente mit einer Al_2O_3- oder ZrO_2-Zwischenschicht konnte nicht geklärt werden. Eine mögliche Erklärung könnte an den unterschiedlichen Diffusionskoeffizienten von O_2 liegen, doch diese muss in weiterführenden Versuchen untersucht werden.

Der Einfluss von Sauerstoff auf Leitfähigkeit in Oxidschichten wurde bereits von Emmer untersucht [66, 67]. O_2 kann sehr leicht eine dielektrische Schicht durchdringen und mit den

Strukturdefekten chemisorbieren und gleichzeitig die Elektronen immobilisieren. Emmer ist der Ansicht, dass die in den Haftstellen sitzenden Elektronen in der Oxidschicht durch den adsorbierten Sauerstoff immobilisiert werden, so dass ein leitfähiger Pfad durch das Oxid nicht gebildet werden kann.
Die Ergebnisse dieser Arbeit stimmen mit Emmers Annahme bezüglich der Immobilisierung von Ladungsträgern in einer sauerstoffreichen Umgebung, die im Fall von Cu(TCNQ)-Schaltelementen die Bildung eines zweiten hochohmigen Zustands bewirkt, überein.

3.5 Planare Bauelementstrukturen

Dieser Abschnitt beschäftigt sich mit der Entwicklung einer neuen Schaltelementstruktur. Im Abschnitt 3.1 wurde gezeigt, dass die Reduzierung der abschließende Au-Kontaktfläche bei einem Cu/Cu(TCNQ)/Au-Bauelement das Schalten begünstigen kann. In diesem Zusammenhang stellte sich die Frage nach dem Schaltverhalten eines Bauelements mit zwei identischen bzw. symmetrischen Kontaktelektroden. In der Literatur wird von einem Formierungsprozess (forming) berichtet, bei dem die erste Spannungspolaritätsvorgabe die Ein-/Aus-Schalteigenschaften eines Bauelements vorbestimmt [68–71]. Dieses irreversible forming sollte mit Hilfe der symmetrischen Cu(TCNQ)-Bauelementstrukturen untersucht werden.
Die geschichteten bzw. vertikalen Strukturen, die in den vorherigen Versuchen Verwendung

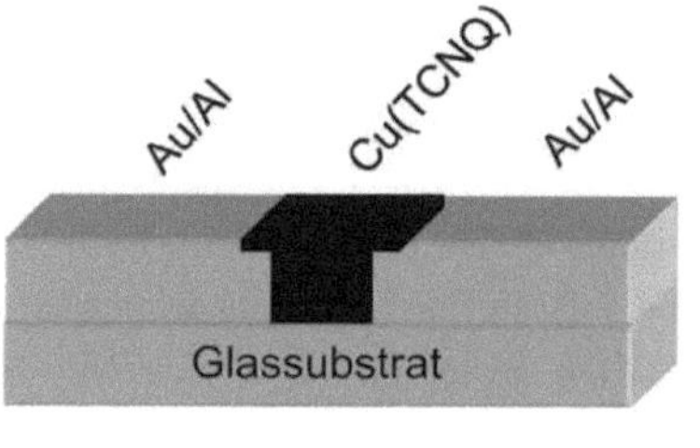

Abbildung 3.16: Schematische Darstellung der planaren Bauelementstruktur.

gefunden haben, eignen sich nicht für die Herstellung von Bauelementen mit identischen Kontakten. Die Oberfläche der Cu-Schicht, die als Basis für ein Schaltelement verwendet wird, ist glatt verglichen mit der rauhen polykristallinen Cu(TCNQ)-Schicht, auf die im Anschluss

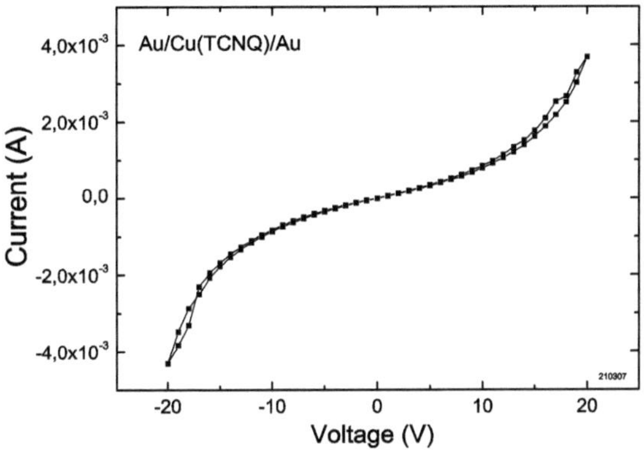

Abbildung 3.17: Strom-Spannungs-Kennlinie eines Au/Cu(TCNQ)/Au-Bauelements in planarer Bauweise.

ein Kontakt aufgebracht wird. Bei einer vertikalen Schichtstruktur mit zwei deckungsgleichen Kontaktflächen zu beiden Seiten zum Cu(TCNQ), sind zwar die zwei projezierten Kontaktflächen gleichgroß, doch die tatsächliche Fläche der beiden Elektroden, die im direkten Kontakt zu Cu(TCNQ) stehen, wird sich in der absoluten Kontaktfläche unterscheiden.

Desweiteren muss mit möglichen Adsorbaten auf der Cu(TCNQ)-Schicht gerechnet werden, die die Eigenschaften der Grenzschicht zwischen der Kontaktelektrode und der Cu(TCNQ)-Schicht verändern können.

Um diese Ungleichmäßigkeit in der Kontaktfläche zu minimieren, wurde ein planares symmetrisches Bauteilkonzept entwickelt, Abb. 3.16. Diese planare Struktur wird durch zwei parallele Metallkontakte gebildet, auf die ein Cu(TCNQ)-Streifen aufgetragen wird, der beide Metallkontakte verbindet. Durch diese planare symmetrische Anordnung kann eine strukturelle Vorzugsrichtung ausgeschlossen werden.

Bei der Herstellung der planaren Strukturen wurde auf ein Glassubstrat eine Metallschicht mit einer Schichtdicke von 300 nm aufgetragen und anschließend photolithographisch strukturiert. Nach dem Ätzprozess besteht die Struktur aus zwei im Abstand von 10 μm verlaufenden parallelen Metallflächen (1×1) mm^2, die die planaren Kontakte bilden. Für die parallelen Kontaktflächen wurde zum einen Au und zum anderen Al verwendet, d.h. es

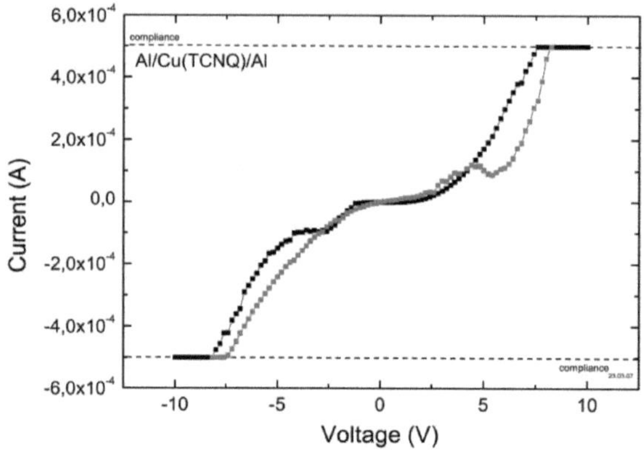

Abbildung 3.18: Strom-Spannungs-Kennlinie eines Al/Cu(TCNQ)/Al-Bauelements in planarer Bauweise.

wurden Au/Cu(TCNQ)/Au- und Al/Cu(TCNQ)/Al-Bauelemente hergestellt. Senktrecht zu diesen beiden Kontaktstreifen wurde ein Cu-Streifen (2 mm^2) aufgedampft. Dieser Cu-Streifen wurde mit Hilfe einer Schattenmaske mit dem Elektronenstrahlverdampfer hergestellt und hat eine Schichtdicke von 70 nm. Anschließend wurde das Bauelement in eine gesättigte TCNQ/Acetonitril-Lösung getaucht. Nachdem die Umsetzung des Cu-Streifens in Cu(TCNQ) vollständig abgeschlossen war, wurde das Bauelement mit Aceton gereinigt und unter einem Stickstoffstrom getrocknet.

Die Untersuchung an einem symmetrischen Au/Cu(TCNQ)/Au-Bauelement zeigten kein bistabiles Schaltverhalten. Die aufgezeichnete I/U-Kennlinie des Au/Cu(TCNQ)Au-Bauelements weist einen nicht linearen Kennlinienverlauf auf, siehe Abb. 3.17.

Im Gegensatz zu dem Au/Cu(TCNQ)Au-Bauelement zeigen die Untersuchungen an einem Al/Cu(TCNQ)/Al-Bauelement ein bistabiles Schaltverhalten, siehe Abb. 3.18. Das Schaltverhalten unterscheidet sich erheblich von den zuvor beschriebenen Kennlinien der gestapelten Bauelemente. Der Kennlinienverlauf eines symmetrischen Bauelements zeigt graphisch eine Superposition einer regulären und einer inversen I/U-Charakteristik. Zur besseren Unterscheidung wurde die I/U-Kennlinie in zwei Kennlinienverläufe (schwarz und grau) unterteilt. Die beiden Kennlinienäste (schwarz und grau) haben im Ursprung einen punktsymme-

trischen Charakter zu einander. Bei einer von außen aufgeprägter positiven Spannung am Al/Cu(TCNQ)/Al-Schaltelement zeigt der dazugehörige Kennlinienast (grau) ein Maximum des NDR-Bereichs bei etwa 4,5 V und einen starken Stromanstieg bei etwa 6–7 V. Ein ähnliches Verhalten ist zu beobachten, wenn eine negative Spannung dem Bauteil aufgeprägt wird.
Dieses symmetrische Verhalten zeigt, dass die untersuchten Bauelemente keinen irreversiblen Formierungsprozess durchlaufen, der durch eine Spannungspolarität vorgegeben wird.

3.6 Lokalisierung des Schalteffekts in einem planaren Schaltelement

Die vorangehenden Experimente weisen daraufhin, dass der Schalteffekt an der Grenzschicht zwischen Cu(TCNQ) und Kontakt oder in ihrer unmittelbaren Nähe stattfindet. Diese Annahme resultiert aus den aufgezeichneten Kennlinienästen, die abhängig vom aufgeprägten Spannungsverlauf den typischen NDR-Bereich eines Cu(TCNQ)-Schaltelements durchlaufen, der einer der beiden möglichen Cu(TCNQ)-Al-Grenzschichten zugeordnet worden ist. Da bei den Untersuchungen ein symmetrisches Bauelement ohne strukturelle Vorzugsrichtung verwendet wurde, kann nicht näher bestimmt werden, an welcher der beiden Grenzflächen und bei welcher Spannungspolarität der Schalteffekt auftritt.

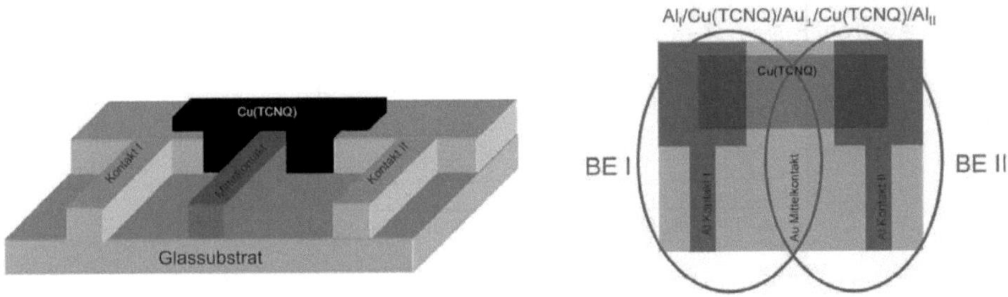

Abbildung 3.19: Schematische Darstellung einer erweiterten planaren und symmetrischen Al_I/Cu(TCNQ)/Au/Cu(TCNQ)/Al_{II}-Struktur.

Bei der Lokalisierung des Schalteffekts wird die Grundidee eines planaren Schaltelements beibehalten, jedoch um einen weiteren Kontakt ergänzt. Der zusätzliche Kontakt wird zwischen die parallelen Elektroden des planaren symmetrischen Bauelements platziert.
Bei der Untersuchung wurden zwei Varianten von planaren Schaltelementen gefertigt. Zum einen eine symmetrische Struktur mit einem mittleren Au-Kontakt und zwei äußeren

Al-Kontakten und zum anderen eine weitere Variante mit einem mittleren Al-Kontakt und zwei äußeren Au-Kontakten.

Bei der Herstellung der erweiterten planaren Struktur wird ein weiterer Depositionsschritt nötig. Nachdem die beiden äußeren Kontakte aufgebracht worden sind, wird eine weitere Metallelektrode mit dem Elektronenstrahlverdampfer aufgetragen, photolithographisch strukturiert und anschließend geätzt. Die verwendeten Kontakte hatten eine Schichtdicke von 100 nm und wurden mit einer Dampfrate von 2-3 Å/s aufgedampft. Der Abstand der beiden äußeren Kontaktelektroden wurde zu 15 μm gewählt und die Breite der Mittelelektrode zu 5 μm. Die Mittelelektrode wird so positioniert, dass sie zwischen den beiden äußeren Kontakten liegt und zu den äußeren Kontakten einen Abstand von 5 μm hat. Im letzten Schritt wird ein zu den parallelen Kontaktelektroden senkrecht liegender Cu-Streifen (60 nm, 2-3 Å/s) aufgedampft, der anschließend in einer gesättigten (TCNQ)/Acetonitril-Lösung zu Cu(TCNQ) umgesetzt wird.

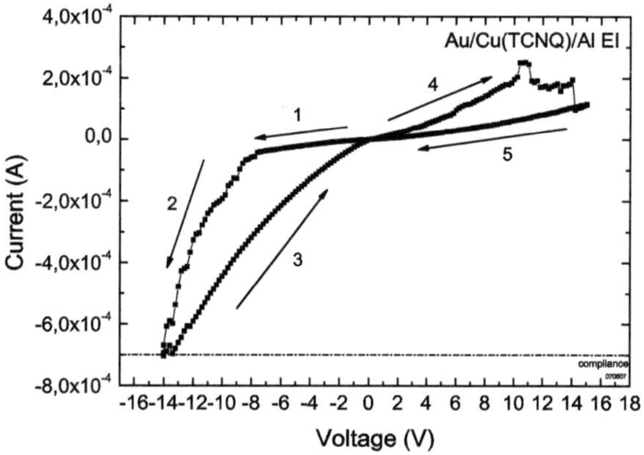

Abbildung 3.20: Strom-Spannungs-Kennlinie eines Teilbauelements einer planaren Al/Cu(TCNQ)/Au/Cu(TCNQ)/Al-Struktur.

Durch das Hinzufügen einer gemeinsamen Elektrode kann ein Al_I/Cu(TCNQ)/Au/Cu(TCNQ)/Al_{II}-Schaltelement als eine Kombination von zwei Teilschaltelementen betrachtet werden: Teilschaltelement I mit Al_I/Cu(TCNQ)/Au und Teilschaltelement II mit Al_{II}/Cu(TCNQ)/Au. Abb. 3.19 zeigt eine schematische Darstellung

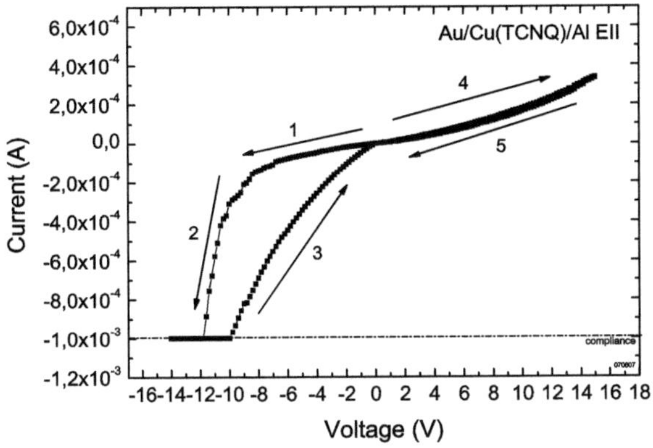

Abbildung 3.21: Strom-Spannungs-Kennlinie eines Al/Cu(TCNQ)/Au-Schaltelements mit zwei resistiven Zuständen.

der beiden planaren Teilschaltelemente I und II, die durch eine gemeinsame Au-Elektrode und eine gemeinsame Cu(TCNQ)-Schicht gekennzeichnet sind.

Bei der messtechnischen Charakterisierung wurde die Au-Mittelelektrode auf Massepotential gelegt.

Eine ausreichend hohe Spannung an nur einem der beiden Bauelemente kann einen resistiven Zustandswechsel an diesem Bauelement bewirken. Wenn sich diese Zustandsänderung direkt an der Grenzfläche zwischen Cu(TCNQ) und der gemeinsamen Elektrode oder in ihrer unmittelbaren Umgebung ereignet, so kann angenommen werden, dass dieser Zustandswechsel einen Einfluss auf den Zustand des anderen, spannungsfreien Bauelements hat. Sollte das Schalten eines Bauelements keinen Zustandswechsel im zweiten Bauelement bewirken, so kann daraus geschlossen werden, dass das Schalten an dem außenliegenden Kontakt des Teilbauelements stattfindet oder dass es sich um einen bulk-Effekt des Cu(TCNQ) handelt.

Vor jedem Experiment wurde die planare Struktur auf ihr Schaltverhalten getestet und in einen definierten resistiven Zustand geschaltet. Dazu wurden die beiden Schaltelemente unabhängig voneinander betrieben. Während der Testphase der Teilbauelemente war die nicht benötigte außenliegende Elektrode nicht angeschlossen, d.h. keinem Potential zugeordnet. Abb. 3.20 zeigt eine typische I/U-Kennlinie, die bei einem Al_I/Cu(TCNQ)/Au-Teilbauelement, mit einer geerdeten Au-Kontaktelektrode, aufgezeichnet ist. Der NDR-Bereich, sowie die Schwellspannung haben sich gegenüber gestapelten Strukturen zu höheren

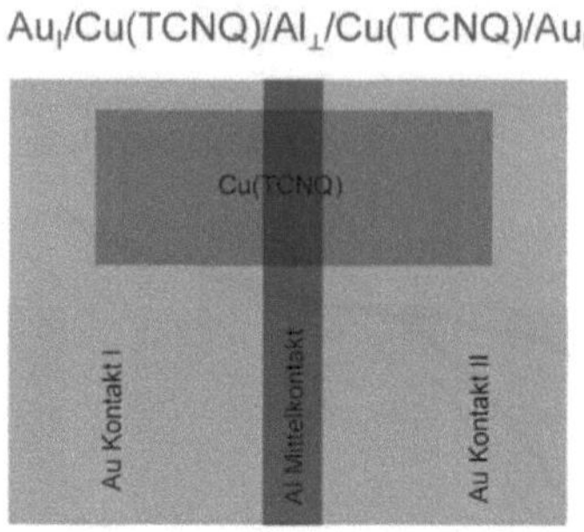

Abbildung 3.22: Schematische Darstellung einer erweiterten planaren und symmetrischen Au_I/Cu(TCNQ)/Al/Cu(TCNQ)/Au_{II}-Struktur.

Spannungen (-10 bis -14 V) verschoben. Der Stromanstieg bei der Schwellspannung ist gegenüber gestapelten Strukturen, die in den meisten Fällen einen unstetigen Stromanstieg aufweisen, durch einen nicht linearen Kennlinienverlauf gekennzeichnet.
Um die gegenseitige Beeinflussung der Teilbauelemente zu untersuchen, wird zunächst das Al_{II}/Cu(TCNQ)/Au-Teilbauelement mit einer positven Spannung in einen hochohmigen Zustand geschaltet. Der Schaltzustand ist durch die Messung der Stromwerte verifiziert worden, die dem hochohmigen Schaltzustand zugewiesen sind (Kennlinienäste 1 und 4/5 bzw. zwischen +8 V und -8 V), siehe I/U-Charakteristik des Teilbauelements in Abb. 3.21.

Im nächsten Schritt wird mit einer negativen Spannung das Teilbauelement Al_I/Cu(TCNQ)/Au in einen niederohmigen Zustand geschaltet. Anschließend wird geprüft, ob der Zustandswechsel am Teilbauelement Al_I/Cu(TCNQ)/Au eine Zustandsänderung im Al_{II}/Cu(TCNQ)/Au-Teilbauelement bewirkt hat.
Eine ausgelöste Zustandsänderung am Al_{II}/Cu(TCNQ)/Au-Teilbauelement konnte nicht festgestellt werden. Die Strom-Spannungs-Kennlinie zeigt keinen NDR-Bereich, der auf einen Wechsel vom niederomigen in den hochohmigen Zustand hinweisen würde. Mehrmalige Wiederholungen dieses Versuchs bestätigten, dass Al_I/Cu(TCNQ)/Au/Cu(TCNQ)/Al_{II}-Schaltelemente keine Zustandsänderung im anderen Teilschaltelement hervorrufen können. Damit wurde gezeigt, dass beim Umschalten des Bauelements keine Veränderung an der Au/Cu(TCNQ)-Grenzfläche stattfindet.

Weitere Untersuchungen wurden mit einer Au_I/Cu(TCNQ)/Al/Cu(TCNQ)/Au_{II}-Struktur durchgeführt. Die Teilbauelemente haben nun eine gemeinsame Al-Elektrode statt einer gemeinsamen Au-Elektrode im vorigen Versuch. Die Untersuchungen hatten das Ziel zu

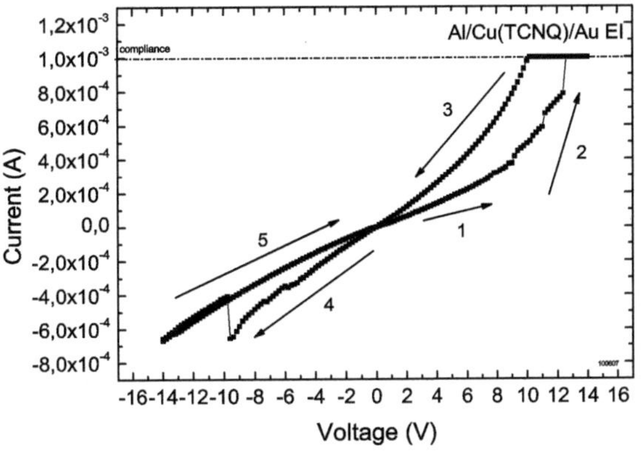

Abbildung 3.23: Strom-Spannungs-Kennlinie eines Au/Cu(TCNQ)/Al-Teilschaltelements eines Au_I/Cu(TCNQ)/Al/Cu(TCNQ)/Au_{II}-Bauelements.

zeigen, dass das Schalten an der Grenzfläche von Al und Cu(TCNQ) bzw. in ihrer unmittelbaren Nachbarschaft stattfindet, oder der Schalteffekt unabhängig von der Grenzflächeist und dem bulk-Effekt des Cu(TCNQ) zuzuordnen ist.
Die Realisierung des Bauelements umfasste die gleichen Herstellungsschritte wie die zuvor hergestellte Al_I/Cu(TCNQ)/Au/Cu(TCNQ)/Al_{II}-Struktur. Die Au-Mittelelektrode wurde durch Al ersetzt und die beiden äußeren Kontakte durch Au, siehe Abb. 3.22. Die Mittelelektrode wurde wie im vorherigen Versuch auf Massepotential gelegt.

Die Au_I/Cu(TCNQ)/Al- und Au_{II}/Cu(TCNQ)/Al-Schaltelemente zeigen ein inverses Verhalten zu den zuvor charakterisierten Al/Cu(TCNQ)/Au-Schaltelementen. Abb. 3.23 zeigt die I/U-Kennlinie eines Au/Cu(TCNQ)/Al-Schaltelements. Diese Charakteristik wurde erwartet, da die Kontaktmaterialien vertauscht wurden, die Polarität der von außen angelegten Spannung aber gleich bleibt.
Zu Beginn des Experiments wurden beide Teilschaltelemente in einen hochohmigen Zustand geschaltet. Anschließend wurde mit einer Spannung von 16 V das Teilschaltelement Au_I/Cu(TCNQ)/Al in einen niederohmigen Zustand geschaltet. Im nächsten Schritt wurde die I/U-Kennlinie des Au_{II}/Cu(TCNQ)/Al-Teilbauelements aufgezeichnet und geprüft ob durch den Schaltwechsel im Au_I/Cu(TCNQ)/Al-Teilbauelement ein Zustandswechsel im anderen Teilbauelement verursacht wurde. Abb. 3.24 zeigt die I/U-Charakteristik, die der

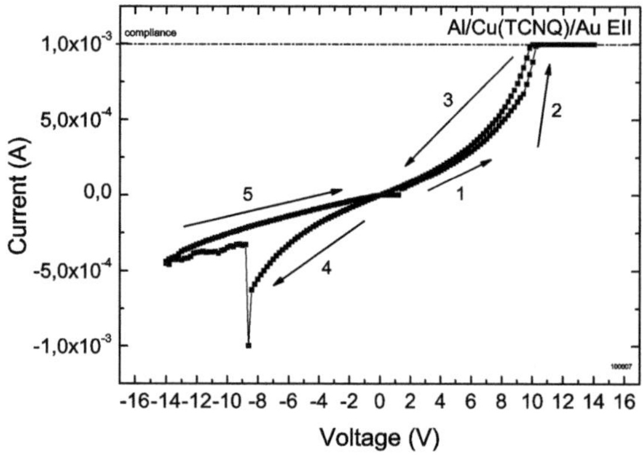

Abbildung 3.24: Strom-Spannungs-Kennlinie eines Au_{II}/Cu(TCNQ)/Al-Teilschaltelements, dass durch den Zustandwechsel des benachbarten Au_{I}/Cu(TCNQ)/Al Teilschaltelements beeinflusst worden ist.

Prüfspannung entspricht. Der I/U-Kennlinienverlauf zeigt im positiven Spannungsbereich einen nicht linearen Stromanstieg im niederohmigen Zustandsbereich. Eine sprunghafte Zustandsänderung aus einem hochohmigen in einen niederohmigen Zustand oder auch ein NDR-Bereich ist nicht vorhanden. Anhand dieser I/U-Kennlinie konnte festgestellt werden, dass der Schaltvorgang des Au_{I}/Cu(TCNQ)/Al-Teilschaltelements eine Zustandsänderung im Au_{II}/Cu(TCNQ)/Al-Teilschaltelement ausgelöst hat. Diese ausgelöste Zustandsänderung konnte in mehrmaligen Messreihen bestätigt werden.

Es konnte gezeigt werden, dass ein Umschalten eines Teilbauelements aus dem hochohmigen in den niederohmigen Zustand auch ein Schalten des anderen Teilbauelements in den niederohmigen Zustand bewirkt. Daraus lässt sich schließen, dass nur eine Veränderung im Bereich der Grenzfläche Al/Cu(TCNQ) für die beiden resistiven Zustände der Bauelemente verantwortlich ist.

3.7 Schaltmechanismus

Dieser Abschnitt beschäftigt sich mit dem Phänomen der Bistabilität von Cu(TCNQ). In diesem Abschnitt werden Mechanismen vorgestellt, die das Schalten beschreiben und bereits in Veröffentlichungen von anderen wissenschaftlichen Gruppen beschrieben sind [43, 72–78]. Anfang der 70er Jahre wurde von Potember et al. ein bistabiles Verhalten in einem Cu(TCNQ) Bauelement beobachtet [15]. Bei dem beschriebenen Bauelement handelt es sich um eine einfache vertikale Cu/Cu(TCNQ)/Al-Schichtstruktur. Durch Anlegen einer elektrischen Spannung kann das Cu(TCNQ)-Bauelement innerhalb weniger Nanosekunden von einem hochohmigen („OFF“) in einen niederohmigen („ON“) Zustand geschaltet werden. Das Bauelement verbleibt im niederohmigen Zustand auch wenn keine elektrische Spannung mehr anliegt. Die Zeit, die für das Zurückschalten in den „OFF“-Zustand notwendig ist, ist von der Schichtdicke des Cu(TCNQ) und der Dauer der angelegten elektrischen Spannung abhängig. Weiterhin ist die Umschaltzeit von der Leistung abhängig, die beim Umschalten in den „ON“-Zustand im Bauelement erzeugt wurde. Potember et al. beschreibt den Schaltmechanismus mit der folgenden Gleichung:

$$\underset{OFF\ state}{[Cu^{+}(TCNQ^{-})]_{n}} \longleftrightarrow \underset{ON\ state}{[Cu^{0}]_{x} + [TCNQ^{0}]_{x} + [Cu^{+}(TCNQ^{-})]_{n-x}} \tag{3.1}$$

Im Gegensatz zu der von Potember et al. vorgeschlagenen Beschreibung des Schaltmechanismus als Volumeneffekt (bulk effect), wurde von einigen Gruppen der Schaltmechanismus mit Grenzflächeneffekten in Verbindung gebracht. Das Schaltverhalten von Cu(TCNQ)-Schaltelementen kann sehr stark differieren, so dass einige Gruppen die Morphologie an der Grenzfläche als Ursprung für das bistabile Verhalten diskutieren [30, 38, 79].
Zahlreiche Untersuchungsmethoden, wie Raman-Spektroskopie, IR-Spektroskopie, Auger-Elektronen-Spektroskopie, Rastertunnelmikroskopie und Photoelektronen-Spektroskopie (XPS) wurden angewendet, um den elektronischen Zustand des TCNQ-Moleküls in den beiden resistiven Zuständen zu erfassen [37, 80–88]. Diese Untersuchungen haben gezeigt, dass neutrale TCNQ-Moleküle während der Schaltphase generiert werden. Diese elektronischen Vorgänge konnten auch optisch in TCNQ induziert werden und beobachtet werden. In den durchgeführten Versuchen konnte gezeigt werden, wie sich der dunkle, purpurne Cu(TCNQ)-Film bei geringer Strahlungsdichte gelblich verfärbt, womit die Umsetzung von $TCNQ^{-}$ zu $TCNQ^{0}$ signalisiert wird [89]. Diese Phototransformation erzeugt ein $TCNQ^{0}/TCNQ^{-}$-Gemisch, das spektroskopisch eine Ähnlichkeit zu dem teilionisierten

Gemisch aufweist, wie es durch das Schalten mit einem elektrischen Feld erzeugt wird [90]. Neben TCNQ eignen sich auch andere Akzeptoren für die Realisierung von resistiven Schaltelementen, z.B. 2,3,5,6-Tetrafluoro-7,7,8,8-tetracyanoquinodimethan ($TCNQF_4$), 2,5-Dimethoxy-7,7,8,8-tetracyanoquinodimethan ($TCNQ(OMe)_2$), 11,11,12,12-Tetracyano-2,6-naphthoquinodimethan (TNAP), und Tetracyanoethylen (TCNE). Die elektrische Feldstärke, die das Element von einem hochohmigen in einen niederohmigen Zustand überführt, skaliert direkt mit dem Redoxpotential des verwendeten Akzeptors. Akzeptoren mit einem hohen Redoxpotential, wie z.B. $TCNQF_4$ werden mit hohen elektrischen Feldstärken geschaltet. Elemente mit niedrigem Redoxpotential, wie z.B. ($TCNQ(OMe)_2$), mit kleinen elektrischen Feldstärken.

Ein weiteres Modell, das den Schaltmechanismus beschreibt, wird mit der Bildung und dem Zerfall von leitfähigen Pfaden erklärt. Diese Theorie wird unter anderem von Kever et. al vertreten [43]. In seinen Experimenten hat er das Zusammenspiel von Cu(TCNQ)- und Al_2O_3-Schichten anhand von Cu/Cu(TCNQ)/Al- und $Al/Al_2O_3/Cu$-Bauelementen untersucht. Dadurch ist er zu der Auffassung gekommen, dass bewegliche Cu-Ionen den Schaltmechanismus erklären können. Diese diffundieren in die Oxidschicht und bilden dort leitfähige Pfade. Abhängig von der angelegten elektrischen Spannung werden diese Cu-Pfade auf- und abgebaut, so dass mit diesen Cu-Pfaden zwei resistive Zustände realisiert werden können. Ma et al. hat bereits ein Zusammenhang zwischen Konzentration der Cu^+-Ionen und zwei leitfähigen Schaltzuständen in organischen Schaltelementen gezeigt [91].

In Kevers Versuchsreihe ist die Cu(TCNQ)-Schicht des Cu/Cu(TCNQ)/Al-Schaltelements mit dem Verfahren der thermischen Co-Deposition hergestellt worden. Die Cu(TCNQ)-Schicht (200 nm) wird aus zwei separaten Cu- und TCNQ-Tiegeln aufgedampft und anschließend mit einer Al-Kontaktschicht abgeschlossen. Kever geht bei seiner Versuchsreihe davon aus, dass sich eine dünne Schicht von Al_2O_3 an der Grenzschicht zwischen Cu(TCNQ) und Al bildet. Er begründet seine Annahme mit dem Vorhandensein von geringsten Mengen Sauerstoff im Rezipienten, die zur Bildung einer Al_2O_3-Schicht mit einer Dicke von nur wenigen Nanometern beitragen. Abb. 3.25 zeigt die I/U-Kennlinie und den schematischen Aufbau eines Cu/Cu(TCNQ)/Al-Schaltelements.

Im nächsten Schritt hat Kever die Herstellung eines Bauelements aus $Al/Al_2O_3/Cu$ beschrieben. Im ersten Schritt wird die Elektrode aus Aluminium auf ein Substrat gesputtert und anschließend kontrolliert oxidiert. Die Al-Elektrode wird in einer Sauerstoffumgebung (50 mbar) UV-behandelt. Nach der UV-Behandlung weist die Al_2O_3-Oxidschicht eine Schichtdicke von 2 nm auf der Al-Elektrode auf. Im letzten Schritt wird die Al/Al_2O_3-Schichtstruktur mit einem Cu-Kontakt abgeschlossen. Abb. 3.26 zeigt den schematischen Aufbau und die I/U-Kennlinie eines $Al/Al_2O_3/Cu$-Schaltelements. Der

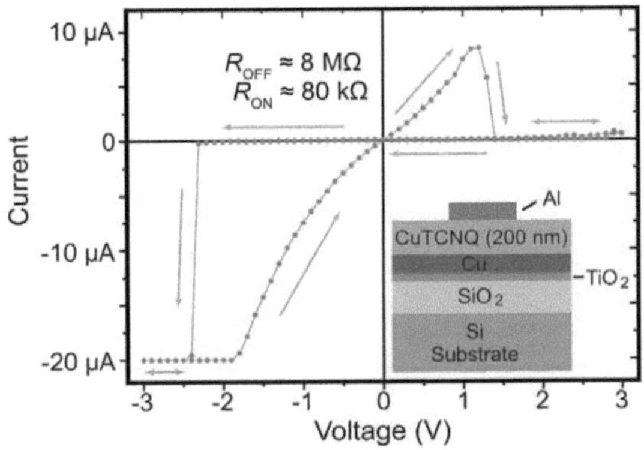

Abbildung 3.25: Strom-Spannungs-Kennlinie eines Cu/Cu(TCNQ)/Al-Schaltelements mit zwei resistiven Zuständen. Unten rechts in der Abbildung befindet sich eine schematische Darstellung eines Cu/Cu(TCNQ)/Al-Schaltelements [43].

I/U-Kennlinienverlauf weist zwei ausgeprägte resistive Zustände auf, die verglichen mit einem Cu/Cu(TCNQ)/Al-Schaltelement, bereits bei kleineren Spannungen schalten. Die reversible Änderung der elektrischen Leitfähigkeit einer dünne Al_2O_3-Schicht wurde bereits von Kurnosikov et al. gezeigt [92]. Im weiteren Verlauf seines Experiments hat Kever das Schaltverhalten in Abhängigkeit von durchgeführten Schaltzyklen untersucht. Das Schaltverhalten bzw. die resistiven Zustände eines Cu/Cu(TCNQ)/Al-Bauelements sind auch nach 1000 Schaltzyklen sehr gut zu erkennen. Ein Bauelement aus $Al/Al_2O_3/Cu$ weist bereits nach 50 Schaltzyklen eine deutliche Degradition auf, so dass die beiden resistiven Zustände nicht mehr zu erkennen sind.
Die Untersuchungen von Kever et al. weisen darauf hin, dass eine Cu(TCNQ)-Schicht nicht essentiell für den Schaltprozess notwendig ist. Es ist anzunehmen, dass die Cu(TCNQ)-Schicht die Rolle einer Anpassungsschicht bzw. Cu-Ionen-Pufferschicht übernimmt, die das reversible Schalten vereinfacht bzw. unterstützt. Wie dem von Kever et al. untersuchten Bauelement entnommen werden kann, schalten die Bauelemente in den niederohmigen Zustand, wenn eine negative Spannung an die Al-Kontaktelektrode angelegt wird. Ein ähnliches Verhalten kann bei einer elektrochemischen Metallisierungszelle beobachtet werden. Das Funktionsprinzip beschreibt die Diffusion von Cu-Ionen durch eine Oxidschicht und anschließend die Bildung eines leitfähigen Pfades in Richtung Anode [93–95].

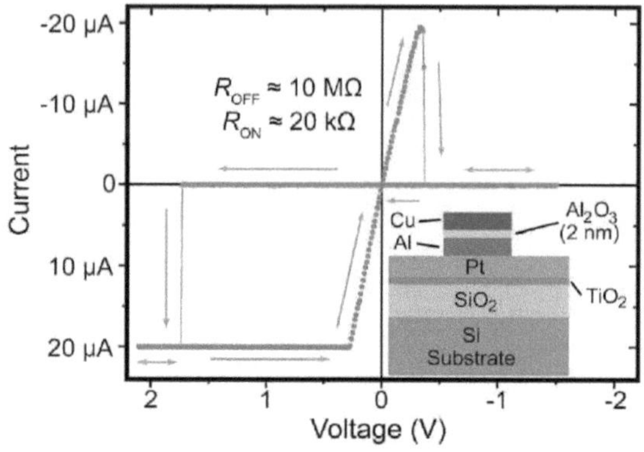

Abbildung 3.26: Strom-Spannungs-Kennlinie eines $Al/Al_2O_3/Cu$-Schaltelements mit zwei resistiven Zuständen. Unten rechts in der Abbildung befindet sich eine schematische Darstellung eines $Al/Al_2O_3/Cu$-Schaltelements [43].

In einer elektrochemischen Metallisierungszelle befindet sich das Festkörperelektrolyt zwischen zwei Elektroden. Eine der beiden Elektroden besteht aus einem leicht zu oxidierenden Metall (z.B. Ag, Cu) und die zweite Elektrode aus einem korrosionsbeständigen Metall (z.B. Pt, Ir) [96]. Durch die Bildung und das Auftrennen eines metallischen Pfades zwischen den beiden Kontaktelektroden können zwei stabile resistive Zustände angenommen werden. Abb. 3.27 zeigt eine elektrochemische Metallisierungszelle, die abhängig von der aufgeprägten Spannung die Bildung und das Auftrennen eines leitfähigen Pfades schematisch darstellt. Das Anlegen einer positiven Spannung an einen leicht oxidierbaren Ag-Kontakt und die negative Spannung an einen inerten Pt-Kontakt führt zur Bildung von positiven Ag-Ionen, die durch den Festkörperelektrolyt in Richtung Pt-Kathode wandern. An der inerten Kathodenelektrode werden die Ag^+-Ionen reduziert und lagern sich an der Pt-Kathodenoberfläche ab. Diese Ag-Ablagerungen bilden Ausgangspunkte für mögliche elektrisch leitende Ag-Pfade. Die elektrische Feldstärke ist an diesen Anlagerungspunkten am höchsten und damit auch die Wahrscheinlichkeit, dass kommende Ag-Ionen sich weiter an diesen Stellen ablagern und zum Pfadwachstum in Richtung Ag-Anode beitragen. Sobald der elektrisch leitende Ag-Pfad die Anode erreicht hat, werden die beiden Kontakte kurzgeschlossen. Die elektrochemische Zelle wechselt mit diesem Kurzschluss von dem hochohmigen in den niederohmigen Zustand. Bei umgekehrter Spannungspolarität wird der metallische Pfad elektrochemisch zersetzt und das Bauelement schaltet wieder in den hochohmigen Zustand zurück.

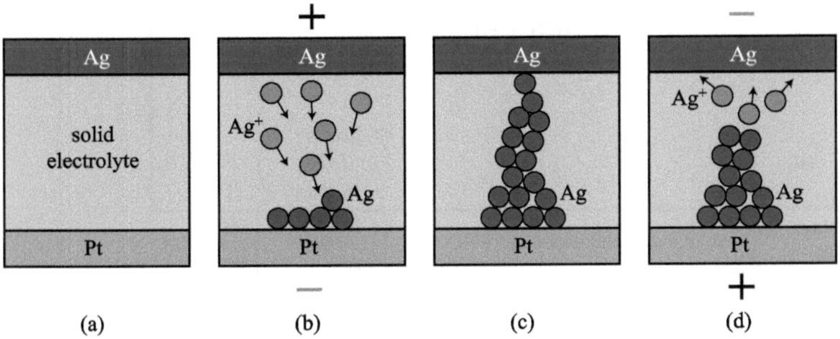

Abbildung 3.27: Schematische Darstellung und Funktionsprinzip einer elektrochemischen Metallisierungzelle mit einer Ag- und Pt-Elektrode [96].

Es gibt viele bekannte Materialien, die eine Migration von Metallionen und die Bildung von elektrisch leitenden Pfaden zulassen. Die wichtigsten Festkörperelektrolyte in diesem Zusammenhang sind Ag- und Cu- dotiertes $Ge_{0,3}Se_{0,7}$ und $Ge_{0,2}S_{0,8}$. Ein vergleichbares Schalten wurde in Oxiden beobachtet [97–101]. Vor allem ein mit Cu dotiertes SiO_2 kann eine besondere Rolle spielen.

Ein ähnliches Modell zum Schaltmechanismus wird von Billen et al. vorgeschlagen [44]. Dieses Modell beruht ebenfalls auf der Bildung von elektrisch leitenden Cu^+-Pfaden. Das Modell beschreibt eine Migration von Cu^+-Ionen durch eine dünne poröse Oxid-, Hydroxidschicht oder auch den Zwischenraum zwischen einer Cu(TCNQ)-Schicht und Kontaktspitze (z.B. Rastertunnelmikroskopspitze). Die Cu^+ migrieren im elektrischen Feld in Richtung Anode. Dort angekommen, werden diese Cu^+-Ionen bei ausreichend hoher negativen Polarität elektrochemisch zu Cu reduziert, lagern sich dort an und bilden Startpunkte für mögliche Metallpfade.

In Abb. 3.28 wird die Bildung eines nieder- und hochohmigen Zustands in einem Cu(TCNQ)-Schaltelement schematisch dargestellt. Analog zu einer Metallisierungszelle migrieren Cu^+-Ionen durch den Festkörperionenleiter (Cu^+TCNQ^-) und bilden Metallpfade, die den Widerstand über die poröse Oxidschicht reduzieren und das Schaltelement in einen niederohmigen Zustand überführen, Abb. 3.28a. Die Umkehrung der aufgeprägten Spannungspolarität führt zur Zersetzung des Metallpfades und damit die Rückkehr zum ursprünglichen hochohmigen Zustand, Abb. 3.28b.

Diese Modellvorstellung wird durch die Ergebnisse von Matsumoto et al. gestärkt [102]. Matsumoto hat in seinen Untersuchungen mit einem Rastertunnelmikroskop Erhebungen bis zu 40 nm Höhe auf einer ebenen Cu(TCNQ)-Schicht nachgewiesen, die erst nach dem

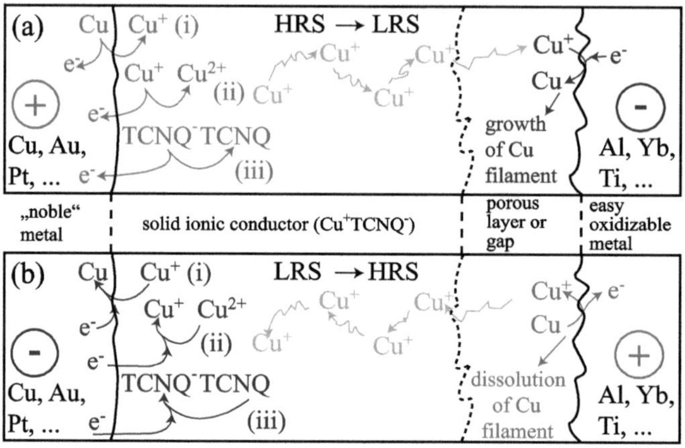

Abbildung 3.28: Nieder- und hochohmige Schaltzustandsbildung: a) Bildung eines leitfähigen Pfads mit Hilfe von Cu^+-Ionen, b) Zerfall von leitfähigen Cu^+-Pfaden und damit Bildung eines hochohmigen Zustands [44].

Schalten in den niederohmigen Zustand vorgefunden worden sind. Billen et al. geht davon aus, dass es sich bei diesen Erhebungen um Ablagerung von Cu handelt.
Die vorgestellten Modelle können jedoch nicht die vollständige Erklärung für den Schaltmechanismus sein. Unter Berücksichtigung der Ergebnisse dieser Arbeit (z.B. Bistabilitätsverlust eines Cu/Cu(TCNQ)/Al_2O_3/Al-Schaltelements in sauerstoffarmer Umgebung (vgl. Abschnitt 3.4)) müssen Modelle, die sich auf eine Cu-Ionen-Pfadbildung stützen, erweitert werden. Ein weiterer Punkt, der in diesem Zusammenhang mitberücksichtigt werden muss, ist die Bistabilität eines Cu/Cu(TCNQ)/Au_{tip} Schaltelements mit einer inversen I/U-Charakteristik. Das Schalten des Bauelements erfolgt im Gegensatz zu Schaltelementen mit einer Al_2O_3-Zwischenschicht (z.B. Cu/Cu(TCNQ)/Al_2O_3/Au) auch in einer sauerstoffarmen Gasumgebung ungestört. Insbesondere Untersuchungen mit planaren Schaltelementen und die Beeinflussung von Teilschaltelementen sprechen gegen eine Metallpfadbildung.

Abb. 3.28a zeigt drei mögliche Oxidationsmechanismen für Kupfer, die von Billen et al. zur Bildung von leitenden Pfaden vorgeschlagen wurden. Unter anderem kann Cu^0 zu Cu^+, Cu^+ zu Cu^{2+} und $TCNQ^-$ zu $TCNQ^0$ oxidiert werden. Werden diese Oxidationsmechanismen mit dem Schaltverhalten und der I/U-Kennlinie eines Cu/Cu(TCNQ)/Au_{tip}-Schaltelements verglichen, so kann mit den oben vorgestellten Modellen das Schaltverhalten nicht erklärt

werden. Für den Fall, dass die Au-Kontaktspitze eines Cu/Cu(TCNQ)/Au_{tip}-Schaltelements mit einer negative Spannung beschaltet wird, geht das Modell davon aus, dass Cu^{+}-Ionen in Richtung Au-Kontaktspitze wandern, sich dort ansammeln und Widerstand reduzieren bzw. in den niederohmigen Zustand schalten. Doch die Ergebnisse dieser Arbeit zeigen, dass sich bei einem Cu/Cu(TCNQ)/Au_{tip}-Schaltelement das Gegenteil einstellt. Das Schaltelement wird hochohmig.
Wird der Ladungsaustausch eines Cu/Cu(TCNQ)/Au_{tip}-Schaltelements an der Grenzfläche zwischen Cu(TCNQ)-Schicht und Au-Elektrode bei einer negativ vorgespannten Au-Elektrode betrachtet, so kann davon ausgegangen werden, dass dieser auf Grund von Elektroneninjektionseigenschaften stark eingeschränkt sein wird. Der Ladungsaustauch zwischen den Cu^{+}-Ionen und der Au-Kontaktspitze ist auf Grund von Elektroneninjektionseigenschaften der Au-Elektrode energetisch ungünstig. Die Au-Elektrode, die vorzugsweise Löcher injiziert, injiziert nur mit einer geringen Wahrscheinlichkeit bzw. mit einem erhöhten energetischen Aufwand Elektronen.

Klärungsbedarf besteht auch bei der Schaltabhängigkeit unter verschiedenen Gasbedingungen. Sauerstoffarme Umgebung oder Stickstoff führen zu einem reversiblen Verlust der Schaltfähigkeit. Luft- und Sauerstoffumgebungen zeigen bei Cu/Cu/(TCNQ)/Oxid/Au-Schaltelementen (Oxid: ZrO_2, Y_2O_3, Al_2O_3) keinen Einfluss auf das Schaltverhalten. Ausnahmen bilden Cu/Cu/(TCNQ)/Au_{tip}-Schaltelemente, die in sauerstoffarmen und -reichen Umgebungen ungestört zwischen resistiven Zuständen geschaltet werden können.
Eine mögliche Erklärung für das sauerstoffabhängige Schalten eines Cu/Cu/(TCNQ)/Al_2O_3/Au-Schaltelements könnte das Oxid selbst bieten. Die poröse Al_2O_3-Schicht oder die Grenzschicht zwischen Al_2O_3 und Cu(TCNQ) hat einen sehr geringen Diffusionswiderstand für Sauerstoff, so dass die Oxidschicht stark modifiziert wird und mögliche Ladungsträger immobilisiert werden.

Die im Zusammenhang mit den planaren Teilschaltelementen ermittelten Ergebnisse sprechen am stärksten gegen eine Metallpfadbildung. Die planaren Bauelemente enthalten zwei Teilschaltelemente (TSE) mit einer gemeinsamen Mittelelektrode (ME). Das Schalten eines Teilschaltelements I (TSE I) bewirkt einen Zustandswechsel im gegenüberliegenden Teilschaltelement II (TSE II). Die Modellvorstellung eines Zustandwechsels durch den Aufbau und Zerfall eines Metallpfades bedarf eines elektrischen Feldes. Da TSE II zum Zeitpunkt des Schaltens zwischen TSE I und ME spannungsfrei ist, kann davon ausgegangen werden, dass zwischen TSE II und ME keine elektrisch leitenden Metallpfade entstehen oder zerfallen können. Die ermittelten Ergebnisse zeigen jedoch, dass ein Zustandswechsel im

Teilschaltelement I auch gleichzeitig einen Zustandswechsel in Teilschaltelement II bewirkt und damit den ursprünglichen Zustand im gegenüberliegenden Schaltelement überschreibt. Des Weiteren kann aus den erarbeiteten Ergebnissen gefolgert werden, dass das Schalten an einer Grenzfläche initiiert wird. Die Grenzflächenbedingungen bestimmen den resistiven Zustand des Bauelements.

3.8 Lebensdaueruntersuchungen

Für den Einsatz von Cu(TCNQ)-Bauelementen als nichtflüchtige, wiederbeschreibbare Speicher in elektronischen Schaltungen ist ihre Lebensdauer von großer Bedeutung. Daher wurde untersucht, wie sich die elektrischen Eigenschaften und das Schaltverhalten bei einem kontinuierlichen Umschalten des Bauelements verändern.
Im folgenden Abschnitt wird die Bistabilität von Cu(TCNQ)-Schaltelementen in Abhängigkeit von durchgeführten Schaltzyklen untersucht. Bei den Cu(TCNQ)-Schaltelementen handelt es sich um Schaltelemente mit einer ZrO_2- (mit TiO_2 stabilisiert), Al_2O_3- und Y_2O_3-Schicht.
Die Cu/Cu(TCNQ)-Strukturen wurden im Standardverfahren hergestellt. Auf die Cu(TCNQ)-Schicht wurde eine Oxidschicht (200 nm, 2–3 Å/s) mit dem Elektronenstrahlverdampfverfahren aufgebracht. Im Anschluss wurde die gestapelte Struktur mit einem Au-Kontakt (100 nm) abgeschlossen.

3.8.1 Messtechnische Analyse von I/U-Kennlinien

Für die messtechnische Analyse der Degradation wurden aus einer I/U-Kennlinie eines Cu(TCNQ)-Schaltelements bestimmte charakteristische Merkmale bestimmt. Abb. 3.29 zeigt eine I/U-Kennlinie eines Cu/Cu(TCNQ)/ZrO_2/Au-Schaltelements nach 950 Schaltzyklen. Die Kennlinie in der Abbildung enthält vier verschiedene Merkmale: das Maximum des NDR-Bereichs (U_{NDR}), die Schwellspannung im Wendepunkt des Schaltübergangs (U_{th}) von einen hochohmigen in einen niederohmigen Zustand, den differentiellen Widerstand des hochohmigen Zustands (r_{off}) im Ursprung und den differentiellen Widerstand des niederohmigen Zustands (r_{on}) im Urspung.

Desweiteren wurde das Verhältnis der beiden differentiellen Widerstände r_{on}/r_{off} gebildet und in Abhängig der durchgeführten Schaltzyklen aufgetragen. Die differentiellen Widerstände beschreiben die 1. Ableitung der Kennlinien im Ursprung. Zwar werden die

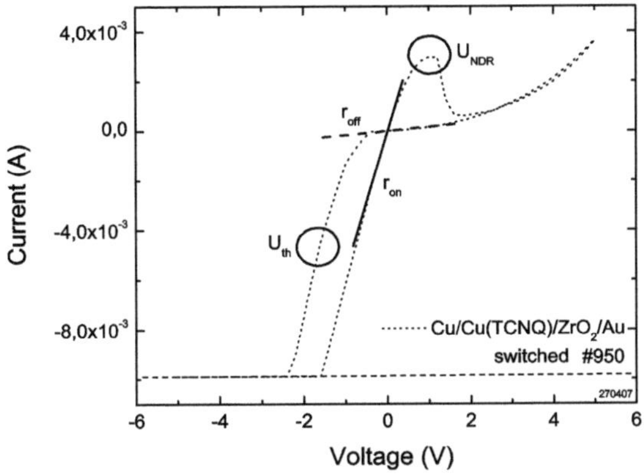

Abbildung 3.29: Strom-Spannungs-Kennlinie eines Cu/Cu(TCNQ)/ZrO_2/Au-Schaltelements nach 950 Schaltzyklen in einer Luftumgebung mit 4 charakteristischen Merkmalen, die für die numerische Analyse der Degradation herangezogen werden.

Kennlinienäste nur im Ursprung betrachtet, doch das Verhältnis r_{on}/r_{off} ist ein sehr guter Indikator für die Güte der Schaltzustände. Ein großes Verhältnis weist auf zwei stark ausgeprägte Zustände hin, wohingegen ein kleines Gradientenverhältnis auf der Verlust von Bistabiliät hinweist.
Bei den Lebensdaueruntersuchungen wurden tausend Schaltzyklen nacheinander durchgeführt. Bei jedem zehnten Zyklus wurden die I/U-Kennlinien aufgezeichnet.

3.8.2 Alterung von Cu/Cu(TCNQ)/ZrO_2/Au-Schaltelementen

Die in Abschnitt 3.8.1 vorgestellten charakteristischen Merkmale werden auf Basis von I/U-Kennlinienverläufen eines Cu/Cu(TCNQ)/ZrO_2/Au-Schaltelements ausgewertet. Abb. 3.30a enthält zwei Graphen: der obere Graph zeigt das Maximum (U_{NDR}) des NDR-Bereichs und der untere Graph die Spannung im Wendepunkte U_{th} in Abhängigkeit von der Anzahl der durchgeführten Schaltzyklen. Das Gradientenverhältnis r_{on}/r_{off} wird in Abb. 3.30b dargestellt.

Aus Abb. 3.30a kann entnommen werden, dass das Maximum des NDR-Bereichs bei einem Cu/Cu(TCNQ)/ZrO_2/Au-Schaltelement nur geringe Fluktuationen aufzeigt. Nur zu Beginn und am Ende der Messreihe gibt es kleine Abweichungen zu dem sonst im Durchschnitt bei etwa $0,8\ V$ liegenden NDR-Maximum. Im allgemeinen zeigen Messexperimente an weiteren Cu/Cu(TCNQ)/ZrO_2/Au-Bauelementen, dass der U_{th} Wert einen nahezu konstanten Charakter hat.
Im Gegensatz zum durchaus stabilen NDR-Bereich eines Cu/Cu(TCNQ)/ZrO_2/Au-Schaltelements kann die Spannung U_{th} von Schaltzyklus zu Schaltzyklus sehr stark variieren. Innerhalb der ersten 600 Schaltzyklen variiert die Spannung im Wendepunkt U_{th} zwischen 1,8 V und 4,6 V. Nach etwa 600 Schaltzyklen stabilisiert sich U_{th}, so dass das Schaltelement etwa bei 1,8 V von einem hochohmigen in einen niederohmigen Zustand schaltet.
Abb. 3.30.b zeigt das Verhältnis r_{on}/r_{off} eines Cu/Cu(TCNQ)/ZrO_2/Au-Schaltelements im Ursprung.

Aus dem Graphen kann entnommen werden, dass das Verhältnis der differentiellen Widerstände r_{on}/r_{off} zu Beginn der Messreihe eines Cu/Cu(TNQ)/ZrO_2/Au-Schaltelements etwa nach 30–40 Schaltzyklen ein Maximum von 18 erreicht. Mit steigender Anzahl von Schaltzyklen (ca. 100) sinkt das Verhältnis r_{on}/r_{off} auf einen Wert von 8 und erreicht einen weitgehend stabilen Betriebszustand. Ein leichter Anstieg auf den Wert 12 ist nach etwa 900 Schaltzyklen zu verzeichnen. Im Durchschnitt kann von einem Gradientenverhältnis von 10 ausgegangen werden.
Nach dieser Versuchsreihe kann festgestellt werden, dass das Cu/Cu(TCNQ)/ZrO_2/Au-Schaltelement ein ausgeprägtes bistabiles Verhalten aufweist. Die Spannung U_{NDR} zeigt im Kennlinienverlauf ein nahezu konstantes Verhalten, wohingegen die Spannung U_{th} stärker variieren kann. Das Verhältnis r_{on}/r_{off} ist nach einer Anfangsphase „eingeschwungen“und der r_{on}/r_{off}-Wert bleibt weitgehende konstant, bzw. innerhalb einer Größenordnung.

3.8.3 Alterung von Cu/Cu(TCNQ)/Y_2O_3/Au-Schaltelementen

Im nächsten Schritt wurden Cu/Cu(TCNQ)/Y_2O_3/Au-Schaltelemente auf ihre Bistabilität in Abhängigkeit von Schaltzyklen untersucht. Abb. 3.31a zeigt die Spannungsmaxima des NDR-Bereichs U_{NDR}, U_{th} und das Verhältnis r_{on}/r_{off} eines Cu/Cu(TCNQ)/Y_2O_3/Au-Schaltelements. Der Graphenverlauf eines U_{NDR} Cu/Cu(TCNQ)/Y_2O_3/Au-Schaltelements unterscheidet sich deutlich von einem U_{NDR}-Verlauf eines Cu/Cu(TCNQ)/ZrO_2/Au-Schaltelements. Der U_{NDR}-Verlauf eines Cu/Cu(TCNQ)/Y_2O_3/Au-Schaltelements wird von

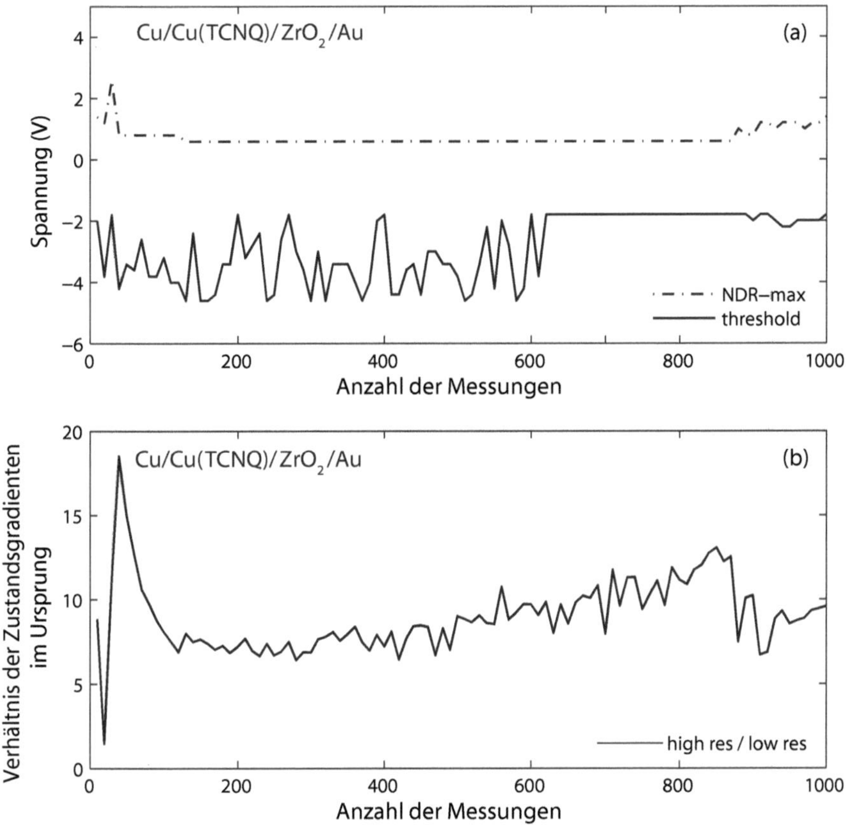

Abbildung 3.30: Numerische Analyse eines I/U-Kennlinienverlaufs eines $Cu/Cu(TCNQ)/ZrO_2/Au$-Schaltelements: a) Kennlinienverlauf des Maximums eines NDR-Bereichs und die Schwellspannung (im Wendepunkt) eines $Cu/Cu(TCNQ)/ZrO_2/Au$-Schaltelements in Abhängigkeit von den durchgeführten Schaltzyklen, b) Gradientenverhältnis der nieder- und hochohmigen Kennlinienäste im Ursprung (lineare Approximation) eines $Cu/Cu(TCNQ)/ZrO_2/Au$-Schaltelements.

zwei Spannungswerten bestimmt und zwar von ca. 2,5 V und von 0 V. Die Spannungswerte, die bei 0 V liegen, können keinem NDR-Bereich zugeordnet werden. Diese Werte weisen auf

einen niederohmigen Zustand hin, bei dem ein Schalten nicht stattgefunden hat. Ein Beispiel für ein U_{th}=0 bzw. das Nicht-Schalten wird in Abb. 3.32 dargestellt. Der Graph in der Abbildung zeigt zwei I/U-Kennlinienverläufe eines Cu/Cu(TCNQ)/Y_2O_3/Au-Schaltelements beim 410-ten und 820-sten Schaltvorgang. Der Kennlinienverlauf nach 410 Schaltzyklen zeigt einen kurzschlussartigen Verlauf. Die einige hundert Zyklen später aufgezeichnete I/U-Kennlinie zeigt ein ausgeprägtes bistabiles Verhalten. Das Aussetzen des Schaltens muss nicht mit einer irreversiblen Veränderung am Schaltelement verbunden sein. Wie aus Abb. 3.32 zu entnehmen ist, schaltet das Schaltelement nach 820 Schaltzyklen bei etwa -3 V in den niederohmigen Zustand und hat ein typisches Maximum des NDR-Bereich bei 2,2 V.
Aus dem Kennlinienverlauf der Spannung U_{NDR} kann die Schaltzuverlässigkeit entnommen werden. Im Gegensatz zu einem Cu/Cu(TCNQ)/ZrO_2/Au-Schaltelement, schalten die Cu/Cu(TCNQ)/Y_2O_3/Au-Schaltelemente nur in etwa 50 % der Schaltzyklen.
Die Schaltspannung eines Cu/Cu(TCNQ)/Y_2O_3/Au-Schaltelements unterliegt starken Fluktuationen (1,8–4,8 V), wie aus Abb. 3.31 entnommen werden kann. Der r_{on}/r_{off} Kennlinienverlauf (Schaltzyklus: 150 bis 600) bestätigt die Vermutung, dass es zu keiner Schalthandlung gekommen ist, Abb. 3.31. Bei einem r_{on}/r_{off}-Verhältnis von 1 und einem Maximum des NDR-Bereichs bei etwa 0 V kann gefolgert werden, dass es zu keiner Schalthandlung gekommen ist. Diese beiden Bedingungen können sehr leicht aus Abb. 3.31a und Abb.3.31b entnommen werden.
Die beiden resistiven Zustände eines Cu/Cu(TCNQ)/Y_2O_3/Au-Schaltelements gehen stark auseinander, siehe Abb. 3.31b. Zu Beginn der Versuchsreihe steigt mit der Anzahl der Schaltzyklen (bis etwa 150) auch das r_{on}/r_{off}-Verhältnis mit an, auf den maximalen Wert von etwa 100. Mit steigender Anzahl der Schaltzyklen fällt das r_{on}/r_{off}-Verhältnis auf etwa 20 ab und weist nur noch geringe Kennlinienschwankungen auf.

3.8.4 Alterung von Cu/Cu(TCNQ)/Al_2O_3/Au-Schaltelementen

Im letzten Abschnitt dieser Versuchsreihe wurde die Bistabiliät eines Cu/Cu(TCNQ)/Al_2O_3/Au-Schaltelements in Abhängigkeit von Schaltzyklen untersucht. Der U_{NDR}-Kennlinienverlauf eines Cu/Cu(TCNQ)/Al_2O_3/Au-Schaltelements zeigt ein nahezu konstantes Verhalten, siehe Abb. 3.33. Die Untersuchungen von mehreren Cu/Cu(TCNQ)/Al_2O_3/Au-Schaltelementen hat gezeigt, dass U_{NDR} nur geringfügigen Spannungsschwankungen ausgesetzt ist. Das U_{NDR}-Maximum eines Cu/Cu(TCNQ)/Al_2O_3/Au-Schaltelements ist bei 3,8 V anzutreffen.

Die Schaltspannung eines Cu/Cu(TCNQ)/Al_2O_3/Au-Schaltelements zeigt eine starke Fluktuation. Der Übergang von dem hochohmigen in den niederohmigen Zustand findet in einem Bereich von -1,8 V bis -5,6 V statt, siehe Abb 3.33.

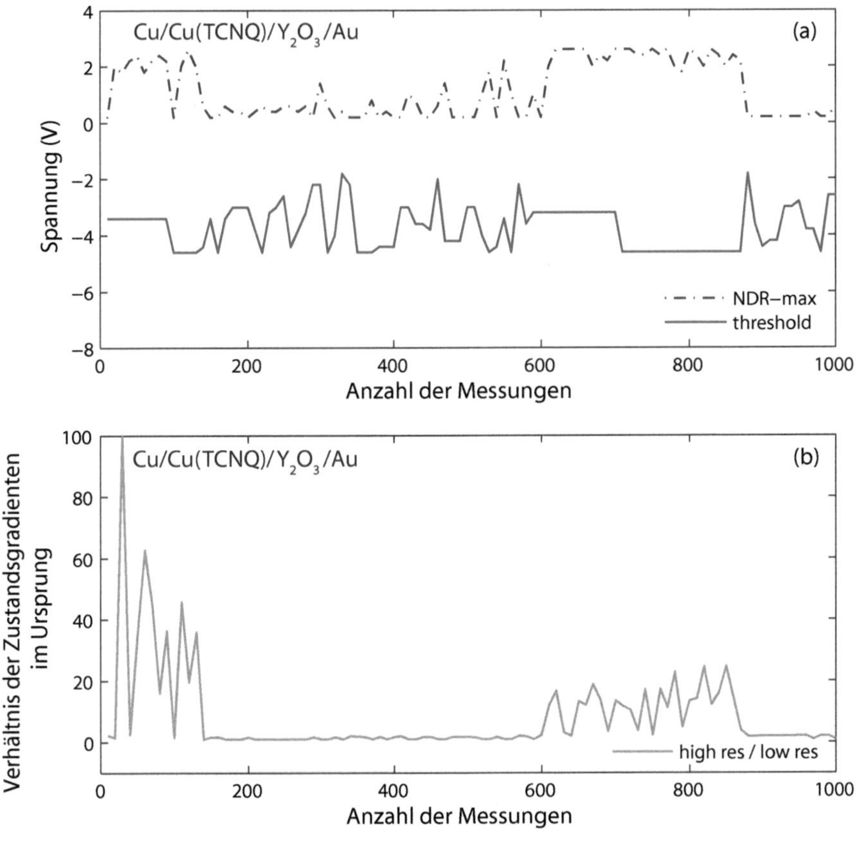

Abbildung 3.31: Numerische Analyse eines I/U-Kennlinienverlaufs eines $Cu/Cu(TCNQ)/Y_2O_3/Au$-Schaltelements a) U_{NDR} und U_{th} eines $Cu/Cu(TCNQ)/Y_2O_3/Au$-Schaltelements in Abhängigkeit von den durchgeführten Schaltzyklen, b) r_{on}/r_{off} eines $Cu/Cu(TCNQ)/Y_2O_3/Au$-Schaltelements.

Aus Abb. 3.33b kann das r_{on}/r_{off}-Verhältnis eines $Cu/Cu(TCNQ)/Al_2O_3/Au$-Schaltelements abgelesen werden. Die Kennlinie zeigt einen raschen Anstieg des r_{on}/r_{off}-

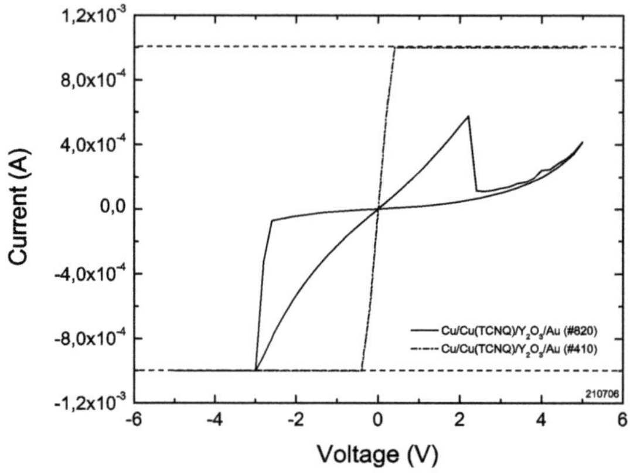

Abbildung 3.32: Strom-Spannungs-Kennlinie eines Cu/Cu(TCNQ)/Y_2O_3/Au-Schaltelements nach 410 und 820 Schaltzyklen.

Verhältnis auf einen Wert von etwa 22, anschließend mit steigender Anzahl der Schaltzyklen nimmt das r_{on}/r_{off}-Verhältnis ab und ist am Ende der Messreihe, d. h. nach 1000 Schaltzyklen, auf 6 abgefallen. Ein weiterer kontinuierlicher Schaltbetrieb führt zu einer Annäherung der beiden resistiven Zustände und endet in einem niederohmigen Zustand.

Das kleiner werdende r_{on}/r_{off}-Verhältnis ist ein Hinweis für eine Degradation des Cu/Cu(TCNQ)/Al_2O_3/Au-Schaltelements. Zwei weitere Kennlinien eines Cu/Cu(TCNQ)/Al_2O_3/Au-Schaltelements zu zwei unterschiedlichen Schaltzeitpunkten sind in Abb. 3.34 dargestellt. Die I/U-Kennlinie zeigt ein Cu/Cu(TCNQ)/Al_2O_3/Au-Schaltelement nach 100 und 1000 Schaltzyklen.

Die beiden I/U-Kennlinienverläufe unterscheiden sich sehr stark im Schaltspannungsbereich. Der Übergang von dem hochohmigen in den niederohmigen Zustand findet nach 100 Schaltzyklen bei etwa 3,8 V sprunghaft statt. Am Ende der Versuchsreihe (1000 Schaltzyklen) hat sich der Zustandswechsel in einen Zustandswechselverlauf entwickelt. Dieser Zustandswechselverlauf kann durch mehrere stark ansteigende Sprünge beschrieben werden (die numerische Erfassung der Schwellspannung erweist sich in diesem Fall als schwierig, da eine große Anzahl von Sprüngen den Kennlinienabschnitt bestimmt).

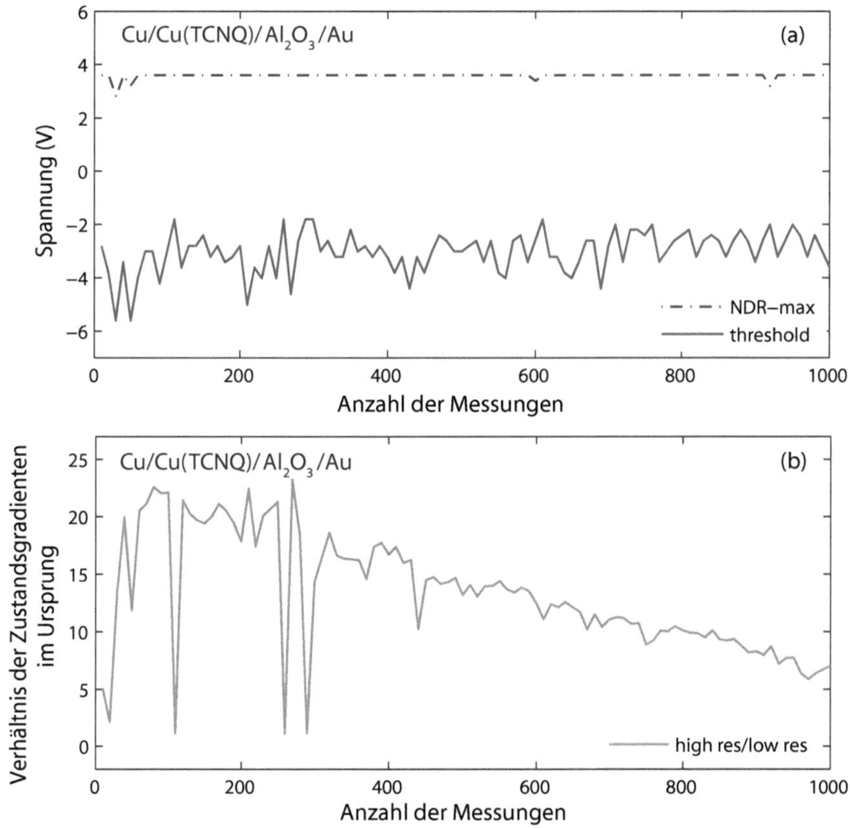

Abbildung 3.33: Numerische Analyse eines I/U-Kennlinienverlaufs eines $Cu/Cu(TCNQ)/Al_2O_3/Au$-Schaltelements: a) Kennlinienverlauf des Maximums eines NDR-Bereichs und die Schwellspannung (im Wendepunkt) eines $Cu/Cu(TCNQ)/Al_2O_3/Au$-Schaltelements in Abhängigkeit von den durchgeführten Schaltzyklen, b) Gradientenverhältnis der nieder- und hochohmigen Kennlinienäste im Ursprung (lineare Approximation) eines $Cu/Cu(TCNQ)/Al_2O_3/Au$-Schaltelements.

Im Allgemeinen kann anhand der Versuchsreihe mit $Cu/Cu(TCNQ)/Al_2O_3/Au$-Schaltelementen gefolgert werden, dass diese mit zunehmender Anzahl von Schaltzyklen einer starken Degradation erliegen und das kontinuierliche Schalten zunächst zum Verlust der Bistabilität im negativen und anschließend auch im positiven Spannungsbereich führt.

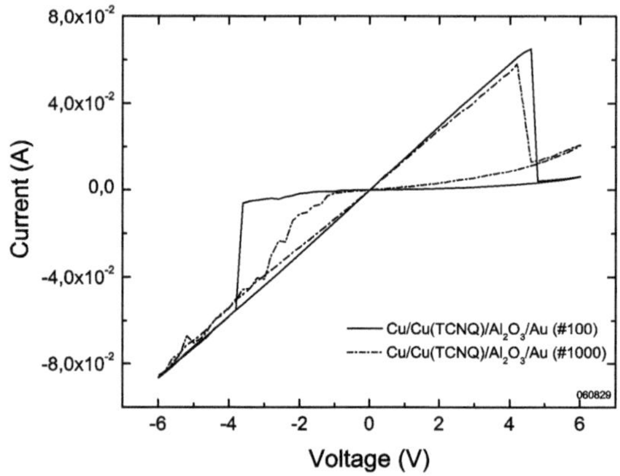

Abbildung 3.34: Strom-Spannungs-Kennlinie eines Cu/Cu(TCNQ)/Al_2O_3/Au-Schaltelements nach 100 und 1000 Schaltzyklen.

Der abschließende Vergleich der Cu(TCNQ)-Schaltelemente mit unterschiedlichen Oxidschichten (Al_2O_3, Y_2O_3, ZrO_2) zeigt, dass Schaltelemente mit einer ZrO_2-Zwischenschicht auch nach 1000 Schaltzyklen einen weitgehend „konstanten"r_{on}/r_{off}-Verlauf (Mittelwert ca. 10) von den drei untersuchten Schaltbaureihen aufweisen.
Die r_{on}/r_{off}-Kennlinie eines Cu/Cu(TCNQ)/Y_2O_3/Au-Schaltelements zeigt weite Bereiche mit $r_{on}/r_{off} = 1$. Ein Nachteil dieser Struktur ist das häufige Aussetzen der Schaltens. Schaltelemente mit einer Y_2O_3-Oxidzwischenschicht schalten nur in etwa 50 % der Fälle. Welche Ursachen zu dieser Unzuverlässigkeit führen, konnte nicht ermittelt werden.
Im Gegensatz zu Cu/Cu(TCNQ)/Y_2O_3/Au-Schaltelementen weisen Schaltelemente mit einer Al_2O_3-Oxidzwischenschicht eine sehr hohe Schaltzuverlässigkeit auf. Das Spannungsmaximum des NDR-Bereichs zeigt von Schaltzyklus zu Schaltzyklus einen nahezu konstanten Verlauf, wohingegen die Schaltspannung, die das Schaltelement in den niederohmigen Zustand überführt, von starken Schwankungen geprägt ist.
Anhand der Untersuchungen kann gefolgert werden, dass das Cu/Cu(TCNQ)/Al_2O_3/Au-Schaltelement im Schaltbetrieb der stärksten Degradierung unterliegt. Das r_{on}/r_{off}-

Verhältnis wird mit zunehmender Anzahl der Schaltzyklen kleiner, so dass eine Unterscheidung der beiden Schaltzustände anhand der differentiellen Widerstände schwieriger wird.

4 Zusammenfassung

Im Rahmen dieser Arbeit wurde das bistabile Verhalten und der Schalteffekt von Bauelementen auf Basis von Cu(TCNQ) untersucht. Ein Großteil der Veröffentlichungen beschäftigt sich mit relativ großflächigen Bauelementen. Diese haben eine Oxidschicht zwischen dem Metallkontakt und der organischen Schicht. Die in dieser Arbeit ermittelten Versuchsergebnisse weisen auf eine Begünstigung der Bistabilität bei Bauelementen mit einer Oxidschicht hin. Es konnte jedoch gezeigt werden, dass die beschriebenen Modelle zur Erklärung des Schaltmechanismus noch nicht ausreichen, um das Phänomen vollständig zu erklären.

Experimente mit Cu/Cu(TCNQ)/Au-Schaltelementen zeigen, dass ein Schalten ohne Oxidschicht möglich ist. Die Reduktion der Au-Kontaktfläche begünstigt das Schalten und führt zu Schaltelementen mit einer ausgeprägten Bistabilität. Ähnliche Beobachtungen wurden bereits publiziert. Diese Publikationen beziehen sich auf Schaltelemente ohne Oxidschicht mit kleinen Kontaktflächen (z.B. STM-Nadel, nanowires).

Die Ergebnisse dieser Arbeit zeigen, dass eine Oxidzwischenschicht ein essentielles Kriterium ist, um bei großflächigen Kontakten einen stabilen resistiven Zustandswechsel zu bewirken. Die Reduzierung der Kontaktfläche führte zu Cu/Cu(TCNQ)/M_{tip}-Bauelementen mit einer Metallspitze (M_{tip}) als Kontakt. Durch die Verwendung von unterschiedlichen Metallen für die Kontaktspitze konnte der Einfluss der Austrittsarbeit der Metalle auf das Schaltverhalten untersucht werden. Bauelemente mit Pt, Au, Cu, Mo, W, Zn, Al, In und Zr-Kontaktspitzen wurden gefertigt und messtechnisch charakterisiert.
Diese Versuche haben gezeigt, dass die Schaltelemente, abhängig von der Austrittsarbeit des Metallkontakts, in zwei Gruppen aufgeteilt werden können. Zum einen in eine Metallgruppe (Zn, Al, In, Zr) mit Austrittsarbeit $\leq$ 4,7 eV, mit einer regulären I-U-Kennlinie und in eine zweite Metallgruppe (Pt, Au, Mo) mit Austrittsarbeit $\geq$ 4,8 eV, die eine inverse I-U-Kennlinie zeigen. Einem Cu/Cu(TCNQ)/W_{tip}-Schaltelement konnte nicht eindeutig ein reguläres oder inverses Verhalten zugewiesen werden, da keine reproduzierbaren Messergebnisse aufgezeichnet werden konnten.

Cu/Cu(TCNQ)/Oxid/Au-Schaltelemente mit Al_2O_3- oder ZrO_2-Zwischenschicht (Oxid) zeigen ein umgekehrtes Verhalten zu kleinflächigen Cu/Cu(TCNQ)/Au-Schaltelementen. Dieses Verhalten erscheint sonderbar, da bei einer zusätzlichen Oxidzwischenschicht lediglich eine eingeschränkte Injektion erwartet wurde und nicht eine vollständige Umkehrung des Schaltverhaltens. Daraus folgt, dass eine Oxidschicht eine signifikante Modifikation des Kontakts und der Ladungsträgerinjektion bewirkt.
Im Verlauf der Untersuchungen konnte eine Gasabhängigkeit von Cu/Cu(TCNQ)/Oxid/Au-Schaltelemente beobachtet werden. Diese Schaltelemente zeigen in sauerstoffarmer Umgebung lediglich ein niederohmiges Verhalten und können nicht in den hochohmigen Zustand geschaltet werden.

Die Entwicklung einer planaren Bauelementstruktur ermöglichte die messtechnische Untersuchung des Schaltverhaltens an symmetrischen Bauelementstrukturen. Gestapelte Bauelemente haben den Nachteil, dass sich die Eigenschaften der oberen und unteren Kontakte stark unterscheiden können z.B. durch rauhe und inhomogene Kontaktflächen oder Adsorbate auf der Cu(TCNQ)-Oberfläche.
Planare Al/Cu(TCNQ)/Al-Schaltelemente zeigen ein reproduzierbares Schaltverhalten. Die I-U-Kennlinie setzt sich aus zwei typischen Cu(TCNQ)-Kennlinienverläufen zusammen, die invers zueinander bzw. im Ursprung punktsymmetrisch sind. Die Ergebnisse aus den Untersuchungen der planaren Schaltelemente haben zu der Annahme geführt, dass der Schalteffekt an einer der Grenzflächen stattfindet. Die planare Struktur wurde weiterentwickelt, mit dem Ziel, das Schaltverhalten einer Grenzfläche zu zuordnen.
Die Weiterentwicklung führte zu einem Bauelement, dass zwei Teilschaltelemente über eine gemeinsame Elektrode miteinander verbunden hat. Die Untersuchungen an einem Au_I/Cu(TCNQ)/$Al_\perp$/Cu(TCNQ)/Au_{II}-Schaltelement ($Al_\perp$, Al-Kontakt auf Massepotential) haben gezeigt, dass das Schalten im Au_I/Cu(TCNQ)/$Al_\perp$-Teilelement gleichzeitig einen Zustandswechsel im Au_{II}/Cu(TCNQ)/$Al_\perp$-Teilschaltelement hervorgerufen hat. Diese Ergebnisse lassen die Annahme zu, dass der Schalteffekt kein Volumeneffekt des Cu(TCNQ) ist, sondern an der Grenzfläche (hier Cu(TCNQ)/Al) oder in ihrer unmittelbaren Umgebung stattfindet.

Literaturverzeichnis

[1] Nathaniel Harris: Illustrierte Geschichte Römisches Reich, Statswesen, Alltagsleben, Kultur. tosa 2000.

[2] A. Z. S. Luryi, J. Xu: Future Trends in Microelectronics. Wiley 2004.

[3] Park, K. K. ; Jung, J. H. ; Kim, T. W.: *Memory effects and carrier transport mechanisms of write-once- read-many-times memory devices fabricated using poly(3-hexylthiophene) molecules embedded in a polymethylmethacrylate layer on a flexible substrate.* Appl. Phys. Lett. **98** (2011), 193301.

[4] Smith, S. ; Forrest, S. R.: *A low switching voltage organic-on-inorganic heterojuction memory element utilizing a conductive polymer fuse on a doped silicon substrate.* Appl. Phys. Lett. **84** (2004), 5019.

[5] Möller, S. ; Forrest, S. R. ; Perlov, C. ; Jackson, W. ; Taussig, C.: *Electrochromic conductive polymer fuses for hybrid organic/inorganic semiconductor memories.* J. Appl. Phys. **94** (2003), 7811.

[6] Möller, S. ; Perlov, C. ; Jackson, W. ; Taussig, C. ; Forrest, S. R.: *A polymer/semiconductor write-once read-many-times memory.* Nature **426** (2003), 166.

[7] Henkel, K. ; Sohal, R. ; Torche, M. ; Paloumpa, I. ; Müller, K. ; Hoffmann, P. ; Schmeißer, D.: *Grenzflächenoptimierung für funktionale Dünnschichtsysteme: Oxide und Polymere.* Forum der Forschung, ISSN 0947-6989 **18** (2005), 49–56.

[8] Ng, T. N. ; Russo, B. ; Arias, A. C.: *Degradation mechanisms of organic ferroelectric field-effect transistors used as nonvolatile memory.* J. Appl. Phys. **106** (2009), 094504.

[9] Park, Y. J. ; Jeong, H. J. ; Chang, J. ; Kang, S. J. ; Park, C.: *Recent Development in Polymer Ferroelectric Field Effect Transistor Memory.* Journal of Semiconductor Technology and Science **8** (2008), 51.

[10] B. Prince: Semiconductor Memories: A Handbook of Design, Manufacturer and Applications. Wiley 1996.

[11] M. Reisch: Elektronische Bauelemente. Springer 2007.

[12] Greene, J. ; Hamdy, E. ; Beal, S.: *Antifuse field programmable gate arrays.* Proc. IEEE **81(7)** (1993), 1042–1056.

[13] Ikeda, H. ; Inukai, H.: *High-speed dram architecture development.* IEEE J. Solid-State Circuits **34(5)** (1999), 685–692.

[14] K. Woitowitz, R. ; Urbanski: Digitaltechnik. Springer 2007.

[15] Potember, R. S. ; Poehler, T. O. ; Cowan, D. O.: *Electrical switching and memory phenomena in cu-tcnq thin films.* Appl. Phys. Lett. **34** (1979), 405.

[16] Kao, C. K. ; Hwang, W.: Electrical Transport in Solids. Pergamon Press 1981.

[17] Neuner, H.: Untersuchungen zum Ladungstransport in organischen Halbleiterbauelementen. Dissertation, Technische Universität Braunschweig, 2002.

[18] Riedel, E.: Anorganische Chemie. Walter de Gruyter 2004.

[19] E. Becker: Technologien für organische Feldeffekttransistoren in der Displaytechnik. Dissertation, Technische Universität Braunschweig, 2006.

[20] S. Schuler: Transporteigenschaften und Defekte in polykristallinen $CuGaSe_2$-Schichten und Heterostrukturen. Dissertation, Freie Universität Berlin, 2002.

[21] Kao, K. C.: *Double injection in solids with non-ohmic contacts: I. Solids without defects.* J. Phys. D. ; Appl. Phys. **17** (1984), 1433–1448.

[22] Melby, L. R. ; Harder, R. J. ; Hertler, W. R. ; Mahler, W. ; Benson, R. E. ; Mochel, W. E.: *Substituted quinodimethans. II. Anion-radical derivatives and complexes of 7, 7, 8, 8-tetracyanoquinodimethan.* J. Am. Chem. Soc. **84 (17)** (1962), 3374–3387.

[23] Prado, R. S.: Elektrokatalytische Erzeugung von Cu-TCNQ in Lösungsmittelgemischen und Charakterisierung der entstehenden Schichten. Dissertation, Universität Erlangen-Nürnberg, 2006.

[24] Michael Hanack und Georg Pawlowski: Naturwissenschaften, Volume 69, Number 6. Spinger-Verlag 1982.

[25] Müller, R. ; Genoe, J. ; Heremans P.: *Nonvolatile Cu/CuTCNQ/Al memory prepared by current controlled oxidation of a Cu anode in LiTCNQ saturated acetonitril.* Appl. Phys. Lett. **88** (2006), 242105.

[26] Liu, Y. ; Ji, Z. ; Tang. Q. ; Jiang, L. ; Li, H. ; He, M. ; Hu, W. ; Zhang, D. ; Jiang, L. ; Wang, X. ; Wang, C. ; Liu, Y. ; Zhug, D.: *Particle-Size Control and Patterning of a Charge-Transfer Complex for Nanoelectronics.* Adv. Mater. **17** (2005), 2953–2957.

[27] Meyer, J.: Organische Bauelemente mit bistabilem Ladungstransportverhalten. Studienarbeit, Technische Universität Braunschweig, 2004.

[28] Müller, R. ; De Jonge, S. ; Myny, K. ; Wouters, D. ; Genoe, J. ; Heremans, P.: *Organic CuTCNQ non-volatile memories for integration in the CMOS backend-of-line: preparation from gas/solid reaction and downscaling to an area of 0.25 μm^2.* Solid-State Electronics, **50** (2006), 601–605.

[29] Xiao, K. ; Ivanov, I. N. ; Puretzky, A. A. ; Liu, Z. ; Geohegan, D. B.: *Directed Integration of Tetracyanoquinodimethane-Cu Organic Nanowires into Prefabricated Device Architectures.* Adv. Mater. **18** (2006), 2184–2188.

[30] Hoagland, J. J. ; Wang, X. D. ; Hipps, K. W.: *Characterization of Cu-CuTCNQ-M devices using scanning electron microscopy and scanning tunneling microscopy.* Chem. Mater. **5** (1993), 54–60.

[31] Oyamada, T. ; Tanaka, H. ; Matsushige, K. ; Sasabe, H. ; Adachi, C.: *Switching effect in Cu:TCNQ charge transfer-complex thin films by vacuum codeposition.* Appl. Phys. Lett. **Vol. 83, No. 6** (2003), 1252–1254.

[32] Fan, Z. ; Mo, X, ; Lou, C. ; Yao, Y. ; Wang, D. ; Chen, G. ; Lu, J. G. : *Structures and electrical properties of Ag-tetracyanoquinodimethane organometallic nanowires* . IEEE Trans. Nanotechnol. **4** (2005), 238.

[33] Müller, R. ; De Jonge, S. ; Myny, K. ; Wouters, D. ; Genoe, J. ; Heremans, P.: *Organic CuTCNQ integrated in complementary metal oxide semiconductor copper back end-of-line for nonvolatile memories.* Appl. Phys. Lett. **89** (2006), 223501.

[34] Turquat, Ch. ; Demolliens, A. ; Razafindramora, J. ; Merlen, A. ; Valmalette, J.-C. ; Muller, Ch. ; Muller, R. ; Goux, L. ; Wouters, D. J.: *Resistance switching of CuTCNQ nanowires developed for high-density memory devices.* Non-Volatile Memory Technology Symposium **NVMTS '07** (2007), 45–48.

[35] Kever, T. ; Nauenheim, C. ; Böttger, U. ; Waser, R.: *Preparation and characterisation of amorphous Cu:7,7,8,8-Tetracyanoquinodimethane thin films with low surface roughness via thermal co-deposition* . Thin Solid Films **515** (2006), 1893–1896.

[36] T. Kever: Resistive Switching in Cu:TCNQ Thin Films. Dissertation, Rheinisch-Westfälische Technischen Hochschule Aachen, 2009.

[37] Heintz, R. A. ; Zhao, H. ; Ouyang, X. ; Grandinetti, G. ; Cowen, J. ; Dunbar, K. R.: *New Insight into the Nature of Cu(TCNQ): Solution Routes to Two Distinct Polymorphs and Their Relationship to Crystalline Films That Display Bistable Switching Behavior.* Inorg. Chem. **38** (1999), 144–156.

[38] Sato, C. ; Wakamatsu, S. ; Tadokoro, K. ; Ishii, K.: *Polarized memory effect in the device including the organic charge-transfer complex, copper-tetracyanoquinodimethane.* J. Appl. Phys. **68** (1990), 6535.

[39] Liu, S. G. ; Liu, Y. Q. ; Wu, P. J. ; Zhu, D. B.: *Multifaceted Study of CuTCNQ Thin-Films Materials. Fabrication, Morphology, and Spectral and Electrical Switching Properties.* Chem. Mater. **8** (1996), 2779–2787.

[40] Benson R. C. ; Hoffman, R. C. ; Potember, R. S. ; Bourkoff, E. ; Poehler, T. O.: *Spectral dependence of reversible optically induced transitions in organometallic compounds.* Appl. Phys. Lett. **42** (1983), 855.

[41] Duan, H. ; Cowan, D. O. ; Kruger, J. : *Advanced Organic Solid State Materials, Studies on the formation of switching and memory storage materials constructed from metallo-organic charge-transfer complexes.* In: Mat. Res. Symp. Proc. Vol. 173, Materials Research Society, 1990,.

[42] Mueller, R. ; Billen, J. ; Naulaerts, R. ; Rouault, O. ; Goux, L. ; Wouters, D. J. ; Genoe, J. ; Heremans, P.: *Electrical properties of CuTCNQ based organic memories targeting integration in the CMOS back end-of-line.* Mater. Res. Soc. Symp. Proc. **997** (2007), 101–110.

[43] Kever, T. ; Böttger, U. ; Schindler, C. ; Waser, R.: *On the origin of bistable resistive switching in metal organic charge transfer complex memory cells.* Appl. Phys. Lett. **91** (2007), 083506.

[44] Billen, J. ; Steudel, S. ; Müller, R. ; Genoe, J. ; Heremans, P.: *A comprehensive model for bipolar electrical switching of CuTCNQ memories.* Appl. Phys. Lett. **91** (2007), 263507.

[45] Müller, R. ; Krebs, C. ; Goux, L. ; Wouters, D. J. ; Heremans, P. ; Spiga, S. ; Fanciulli, M.: *Bipolar Resistive Electrical Switching of CuTCNQ Memories Incorporating a Dedicated Switching Layer.* IEEE Electron Device Letters **30** (2009), 620.

[46] Fan, Z. Y. ; Mo, X. L. ; Chen, G. R. ; Lu, J. G.: *Synthesis, Morphology and Electrical Characterization of Ag-TCNQ from Thin Film to Nanowire.* Rev. Adv. Mater. Sci. **5** (2003), 72.

[47] Chun-Nuan, Y. ; Guan-Ying, C. ; Xiao-Liang, M. ; Fang, F. ; Xiao-Yan, X. ; Guo-Rong, C. ; Da-Lin, S.: *Growth Mechanism of Vertically Aligned Ag(TCNQ) Nanowires.* Chin. Phys. Lett. **21** (2004), 1787.

[48] Wan, X. ; Li, J. ; Chen, D. ; Jiang, Y. ; Hua, Z.: *The Power Effect in Write-in Process of Ag-TCNQ Electric Recording Thin Film.* phys. stat. sol. (a) **181** (2000), R13.

[49] Wachtel, H. ; Ohnmacht, M. ; von Schütz, J. U. ; Wolf, H. C.: *Nanostructured organic materials: Copper- and Silver-TCNQ radical salts.* NanoStructured Materials **6** (1995), 291–295.

[50] Kamitsos, E. I. ; Tzinis, C. H. ; Risen, W. M.: *Raman study of the mechanism of electrical switching of CuTCNQ Films.* Solid State Communications **42** (1982), 561–565.

[51] Sakai, K. ; Matsuda, H. ; Kawada, H. ; Eguchi, K. ; Nakagiri, T.: *Switching and memory phenomena in langmuir–blodgett films.* Appl. Phys. Lett. **53** (1988), 1274.

[52] Watanabe, N. ; Iwasa, Y. ; Koda, T.: *Negative-resistance effect in rubidium tetracyanoquinodimethane (rb-tcnq).* Phys. Rev. B **44** (1991), 11111.

[53] Gao, H. J. ; Xue, Z. Q. ; Wang, K. Z. ; Wu, Q. D. ; Pang, S.: *Ionized cluster beam deposition and electrical bistability of C_{60}–tetracyanoquinodimethane thin films.* Appl. Phys. Lett. **68** (1996), 2192.

[54] Tondelier, D. ; Lmimouni, K. ; Vuillaume, D. ; Fery, C. ; Haas, G.: *Metal/organic/metal bistable memory devices.* Appl. Phys. Lett. **85** (2004), 5763.

[55] Lauters, M. ; McCarthy, B. ; Sarid, D. ; Jabbour, G. E.: *Multilevel conductance switching in polymer films.* Appl. Phys. Lett. **89** (2004), 013507.

[56] Gong, J. ; Osada, Y.: *Preparation of polymeric metal-tetracyanoquinodimethane film and its bistable switching.* Appl. Phys. Lett. **61** (1992), 2787.

[57] Ravindran, T. ; Subramanyam, S. V.: *Electrical switching in methyltriphenylarsonium-$(TCNQ)_2$ under pressure.* Appl. Phys. Lett. **62** (1993), 1251.

[58] Bandyopadhyay, A. ; Pal, A. J.: *Multilevel conductivity and conductance switching in supramolecular structures of an organic molecule.* Appl. Phys. Lett. **84** (2004), 999.

[59] Ma, L. P. ; Liu, J. ; Yang. Y.: *Organic electrical bistable devices and rewritable memory cells.* Appl. Phys. Lett. **80** (2002), 2997.

[60] Ma, D, ; Aguiar, M, Freire, J. A. ; Hümmelgen, I. A.: *Organic reverible switching devices for memory applications.* Adv. Mater. **12** (2000), 1063.

[61] Xu, W. ; Chen, G. R. ; Li, R. J. Hua, Z. Y.: *Two new all-organic complexes with electrical bistable states.* Appl. Phys. Lett. **67** (1995), 2241.

[62] Ouyang, J. ; Chu, C.-W. ; Sieves, D. ; Yang, Y.: *Electric-field-induced charge transfer between gold nanoparticle and capping 2-naphthalenethiol and organic memory cells.* Appl. Phys. Lett. **86** (2005), 123507.

[63] Cölle, M. ; Büchel, M. ; de Leeuw, D. M.: *Switching and filamentary conduction in non-volatile organic memories.* Organic Electronics **7** (2006), 305–312.

[64] Lohrengel, M. M.: *Thin Anodic Oxide Layers on Aluminium and Other Valve Metals High Field Regime.* Materials Science and Engineering **11** (1993), 243–294.

[65] S. M. Sze: Physics of Semiconductor Devices. Jon Wiley & Sons, New York 1981.

[66] Emmer. I: *Conducting filaments and voltage-controlled negative resistance in Al-Al_2O_3-Au structures with amorphous dielectric .* Thin Solid Films **20** (1974), 43.

[67] Groner, M. D. ; George, S. M. ; McLean, R. S. ; Carcia, P. F.: *Gas diffusion barriers on polymers using Al_2O_3 atomic layer deposition.* Appl. Phys. Lett. **88** (2006), 051907.

[68] Dearnaley, G. ; Stoneham, A. M. ; Morgan, D. V.: *Electrical phenomena in amorphous oxide films.* Rep. Prog. Phys. **33** (1970), 1129.

[69] Verbakel, F. ; Meskers, S. C. J. ; Janssen, R. A. J. ; Gomes, H. L. ; Cölle, M. ; Büchel, M. ; de Leeuw, D. M.: *Reproducible resistive switching in nonvolatile organic memories.* Appl. Phys. Lett. **91** (2007), 192103.

[70] T. W. Hickmott: *Voltage-dependent dielectric breakdown and voltage-controlled negative resistance in anodized Al-Al_2O_3-Au diodes.* J. Appl. Phys. **88** (2000), 2805.

[71] Pagnia, H. ; Sotnik, P.: *Bistable switching in electroformed metal–insulator–metal devices.* phys. stat. sol. (a) **108** (1988), 11.

[72] Gu, Z. ; Wu, H. ; WEi, Y. ; Liu, J.: *Mechanism generating switching effects in copper-TCNQ and silver-TCNQ films.* J. Phys. Chem. **97** (1993), 2543.

[73] Bozano, L. D. ; Kean, B. W. ; Deline, V. R. ; Salem, J. R. ; Scott, J. C.: *Mechanism for bistability in organic memory elements.* Appl. Phys. Lett. **84** (2004), 607.

[74] Ma, L. ; Pyo, S. ; Ouyang, J. ; Xu, Q. ; Yang, Y.: *Nonvolatile electrical bistability of organic/metal-nanocluster/organic system.* Appl. Phys. Lett. **82** (2003), 1419.

[75] Pirovano, A. ; Sotgiu, R. ; Conoci, S. ; Petralia, S. ; Buonocore, F.: *Organic electrically bistable materials for non-volatile memory applications.* Solid-State Electronics **49** (2005), 1820–1825.

[76] Rozenberg, M. J. ; Inhoue, I. H. ; Sanchez, M. J.: *Strong electron correlation effects in nonvolatile electronic memory devices.* Appl. Phys. Lett. **88** (2006), 033510.

[77] Mueller, R. ; Billen, J. ; Katzenmeyer, A. , Goux, L. ; Wouters, D. J. ; Genoe, J. ; Heremans, P.: *Resistive Electrical Switching of Cu^+ and Ag^+ based Metal-Organic Charge Transfer Complexes.* Mater. Res. Soc. Symp. Proc. **1071** (2008).

[78] Lai, Y.-S. ; Tu, C.-H. ; Kwong, D.-L. ; Chen, J. S.: *Bistable resistance switching of poly(N-vinylcarbazole) films for nonvolatile memory applications.* Appl. Phys. Lett. **82** (2005), 122101.

[79] Duan, H. ; Mays, M. D. ; Cowan, D. O. ; Kruger, J.: *The importance of interfaces and phases in switching and memory systems containing semiconducting charge-transfer complexes.* Synth. Met. **28** (1989), 675–680.

[80] Potember, R. S. ; Poehler, T. O. ; Benson, R. C.: *Optical switching in semiconductor organic thin films.* Appl. Phys. Lett. **41** (1982), 548.

[81] Potember, R. S. ; Poehler, T. O. ; Cowan, D. O. ; Brant, P. ; Carter, F. L. ; Bloch, A. N.: *The Vibrational and X-Ray Photoelectron Spectra of Semi-conducting Copper-TCNQ Films.* Chemica Scripta **17** (1981), 219–221.

[82] Gucciardi, P. G. ; Trusso, S. ; Vasi, C. ; Patane, S. ; Allegrini, M.: *Nano-Raman imaging of Cu-TCNQ clusters in TCNQ thin films by scanning near-field optical microscopy.* Phys. Chem. Chem. Phys. **4** (2002), 2747–2753.

[83] Sun, S. ; Xu, X. ; Wu, P. ; Zhu, D.: *Characterization and Electrical Switching Properties of Cu-Tetracyanoquinodimethane Films Formed Under Different Conditions.* Journal of Materials Science Letters **17** (1998), 719–721.

[84] Yamaguchi, S. ; Viands, C. A. ; Potember, R. S.: *Imaging of silver and copper tetracyanoquinodimethane salts using a scanning tunneling microscope and an atomic force microscope.* J. Vac. Sci. Technol. B **9** (1991), 1129.

[85] Kamna, M. M. ; Graham, T. M. ; Love, J. C. ; Weiss, P. S.: *Strong electronic perturbation of the Cu {111 } surface by 7, 7´, 8, 8´-tetracyanoquinodimethane.* Surface Science **419** (1998), 12–23.

[86] Uyeda, N. ; Kobayashi, T. ; Ishizuka, K. ; Fujiyoshi, Y. ; Inokuchi, H. ; Saito, G.: *Direct molecular imaging of low dimensional solids by high resolution electron microscopy.* Mol. Cryst. Liq. Cryst. **125** (1985), 103–112.

[87] Jonkman, H. T. ; Kommandeur, J.: *The UV-spectra and their calculation of TCNQ and its Mono- and Di-Valent anion.* Chem. Phys. Lett. **15** (1972), 496.

[88] Jeanmaire, D. L. ; Van Duyne, R. P.: *Resonance Raman Spectroelectrochemistry. 2. Scattering Spectroscopy Accompanying Excitation of the Lowest $^2B_{1u}$ Excited State of the Tetracyanoquinodimethane Anion Radical.* J. Am. Chem. Soc. **98** (1976), 4029.

[89] Kamitsos, E. I. ; Risen Jr., W. M.: *Optically induced transformations of metal TCNQ materials.* Solid State Communications **45** (1983), 165–169.

[90] Kamitsos, E. I. ; Risen Jr., W. M.: *Raman studies in CuTCNQ: Resonance Raman spectral observations and calculations for TCNQ ion radicals.* J. Chem. Phys. **79** (1983), 5808.

[91] Ma, L. ; Xu, Q. ; Yang, Y.: *Organic nonvolatile memory by controlling the dynamic copper-ion concetration within organic layer.* Appl. Phys. Lett. **84** (2004), 4908.

[92] Kurnosikov, O. ; de Nooij, F. C. ; LeClair, P. ; Kohlhepp, J. T. ; Koopmans, B. ; Swagten, H. J. M. ; de Jonge, W. J. M.: *STM-induced reversible switching of local conductivity in thin Al_2O_3 films.* Phys. Rev. B. **64** (2001), 1534007.

[93] Kozicki, M. N. ; Park, M. ; Mitkova, M.: *Nanoscale memory elements based on solid-state electrolytes.* IEEE Trans. Nanotechnol. **4** (2005), 331–338.

[94] Kaeriyama, S. ; Sakamoto, T. ; Sunamura, H. ; Mizuno, M. ; Kawaura, H. ; Hasegawa, T. ; Terabe, K. ; Nakayama, T. ; Aono, M. : *A nonvolatile programmable solid-electrolyte nanometer switch.* IEEE J. Solid-State Circuits **1** (2005), 168–176.

[95] Meijer, G. I.: *Who Wins the Nonvolatile Memory Race?* Science **319** (2008), 1625.

[96] C. Schindler: Resistive switching in electrochemical metallization memory cells. Dissertation, RWTH Aachen, 2009.

[97] Beck, A. ; Bednorz, J. G. ; Gerber, Ch. ; Rossel, C. ; Widmer, D.: *Reproducible switching effect in thin oxide films for memory applications.* Appl. Phys. Lett. **77** (2000), 139.

[98] Balakrishnan, M. ; Thermadam, S. C. P. ; Mitkova, M. ; Kozicki, M. N. : *A Low Power Non-Volatile Memory Element Based on Copper in Deposited Silicon Oxide.* 7th Annual NonVolatile Memory Technology Symposium (2006), 104–110.

[99] Guan, W. ; Long, S. ; Liu, Q. ; Liu, M. ; Wang, W.: *Nonpolar Nonvolatile Resistive Switching in Cu Doped ZrO_2.* IEEE Elect. Dev. Lett. **29** (2008), 434–437.

[100] Olischlaeger, R. ; Waser, R. ; Meyer, R. ; Karthäuser, S. ; Dittmann, R.: *Resistive switching and data reliability of epitaxial (Ba, Sr)TiO_3 thin films.* Appl. Phys. Lett. **88** (2006), 042901.

[101] Janousch, M. ; Meijer, G. I. ; Staub, U. ; Delley, B. ; Karg, S. G. ; Andreasson, B. P.: *Role of Oxygen Vacancies in Cr-Doped $SrTiO_3$ for Resistance-Change Memory.* Adv. Mater. **19** (2007), 2232–2235.

[102] Matsumoto, M. ; Nishio, Y. ; Tachibana, H. ; Nakamura, T. ; Kawabata, Y. ; Samura, H. ; Nagamura, T.: *Switching and Memory Phenomena of Cu–TCNQ Thin Films Triggered by a Stimulus with an STM Tip.* Chem. Lett. **20** (1991), 1021.